Subodh Khanal

Impacto das alterações climáticas nos serviços dos ecossistemas de água doce

Subodh Khanal

Impacto das alterações climáticas nos serviços dos ecossistemas de água doce

ScienciaScripts

Imprint
Any brand names and product names mentioned in this book are subject to trademark, brand or patent protection and are trademarks or registered trademarks of their respective holders. The use of brand names, product names, common names, trade names, product descriptions etc. even without a particular marking in this work is in no way to be construed to mean that such names may be regarded as unrestricted in respect of trademark and brand protection legislation and could thus be used by anyone.

Cover image: www.ingimage.com

This book is a translation from the original published under ISBN 978-3-659-83184-3.

Publisher:
Sciencia Scripts
is a trademark of
Dodo Books Indian Ocean Ltd. and OmniScriptum S.R.L publishing group

120 High Road, East Finchley, London, N2 9ED, United Kingdom
Str. Armeneasca 28/1, office 1, Chisinau MD-2012, Republic of Moldova, Europe
Printed at: see last page
ISBN: 978-620-8-30481-2

Índice:

RECONHECIMENTO

Estou grato a várias pessoas pelo seu tempo e apoio na realização desta tese, que foi concluída com a ajuda de muitos especialistas, pelo que qualquer tentativa de reconhecer pelo nome as pessoas que prestaram serviços é impossível, pelo que lamento e peço a sua compreensão. É minha tarefa ardente registar a minha dívida para com os meus supervisores, o Professor Sant Bahadur Gurung, o Professor Assistente Dr. Krishna Kumar Panta e o Dr. Pasupati Chaudhari. Devo reconhecer que estimularam as minhas ideias de diferentes formas e que estão gratos pelo cuidado enérgico, a cooperação e o encorajamento moral durante todo o período do meu estudo, com os quais analisaram o manuscrito da minha investigação e melhoraram e clarificaram a exposição da afirmação.

Gostaria ainda de exprimir a minha gratidão às Iniciativas Locais para a Investigação e o Desenvolvimento da Biodiversidade (LIBIRD), Pokhara, por me terem prestado assistência financeira. Gostaria também de agradecer ao Professor Dr. Dharma Raj Dangol e a Keshav Thapa pelo seu valioso apoio e orientação neste domínio. Gostaria também de agradecer ao Reitor, Professor Narendra Kumar Chaudhary, e ao Reitor Adjunto (Académico), Professor Dr. Gopal Bahadur K.C., do Instituto de Agricultura e Ciência Animal, Rampur, Chitwan.

Gostaria também de agradecer a todos os professores e funcionários do Grupo de Utilizadores Florestais Comunitários Bandevi Barandabhar, Chitwan; ao Departamento de Hidrologia e Meterologia, Babarmahal, Katmandu e ao Centro Nacional de Investigação do Milho, Rampur, por fornecerem toda a informação necessária e aos habitantes locais em redor do Lago Bishajari e da zona húmida associada pelo seu generoso apoio e encorajamento necessários para completar este empreendimento.

Gostaria de exprimir os meus sinceros agradecimentos aos meus colegas Shankar Gaire, Ramesh Acharya, Nabin Rawal , Suman Dhakal, Pratik Sapkota e Bishnu Pandey e aos juniores Bishal Shrestha, Nabin Bhandari, Loknath Aryal, Narayan Khatri e Rim Bahadur Thapa pelo seu comportamento amigável durante o período de estudo e àqueles que me ajudaram a recolher dados no terreno, sem os quais a investigação não poderia ser concluída. Agradeço a todas as pessoas que, ingratamente, não consegui recordar e que contribuíram, intencionalmente e não intencionalmente, para a realização do trabalho, bem como a todos aqueles que me apoiam.

Por último, mas não menos importante, estou muito grato aos meus queridos pais, Bhagirath Khanal e Goma Khanal, que sempre me deram muitos incentivos, inspirações e tempo precioso, apoio constante e cooperação em todos os meus passos. O amor e o afeto da minha família sempre me encorajaram e inspiraram a realizar cada trabalho intensamente. Estou em dívida para com os meus queridos amigos Saurav Pokhrel e Prajeet Paudel, os irmãos Basanta e Suraj Khanal, todos os membros da minha família e os meus amigos pela sua inspiração e apoio em todas as fases da minha vida, mas não consigo exprimir os meus sentimentos por palavras. É a eles que devo o meu êxito.

Subodh Khanal

RESUMO

Nome: Subodh Khanal
Semestre e ano de admissão: Primeiro, 2011
Disciplina principal: Ecologia da Conservação
Orientador principal: Prof. Sant Bahadur Gurung
Id. N.º: R-2011-COE-01 M Degree: M.Sc.Ag.
Departamento: Ciências do Ambiente

As alterações climáticas constituem uma ameaça global para a vida contemporânea da Terra. O seu impacto já é visível na vegetação, na hidrologia e nos serviços ecossistémicos das zonas húmidas do Nepal. O estudo avaliou o impacto das alterações climáticas nos serviços ecossistémicos prestados pelo lago Bishajari e pela zona húmida associada do distrito de Chitwan durante os meses de junho a agosto de 2012. Para o efeito, foi realizado um inquérito a 110 agregados familiares, uma análise dos dados meteorológicos e do modelo de regressão, uma entrevista com informadores-chave e uma discussão em grupo. Com o objetivo de avaliar e documentar a perceção da população local, vulnerabilidade e estratégias de adaptação da população rural aos efeitos das alterações climáticas, os serviços ecossistémicos priorizados e a sua utilização também foram documentados. Em quatro categorias de serviços ecossistémicos, foram registadas 12 espécies diferentes de peixes, 18 frutos silvestres, 12 espécies diferentes de madeira, 15 espécies de forragem, 20 espécies de vegetais silvestres e 31 espécies de plantas medicinais. Mais de 65,5% dos inquiridos receberam algum tipo de rendimento da zona húmida. O estudo analisou os registos de temperatura e precipitação dos últimos 32 anos (1980-2012), e a perceção das pessoas sobre a variação observada no clima que afectou os serviços ecossistémicos. Revelou que a precipitação média anual está a aumentar a uma taxa de 1,18 mm por ano, enquanto a temperatura média anual está a aumentar a uma taxa de 0,045 °C por ano. A temperatura mínima anual média foi mais elevada do que a temperatura máxima anual média. As comunidades locais também partilharam a sua experiência de aumento dos dias quentes e diminuição dos dias frios/inverno com a alteração do padrão de precipitação. As alterações climáticas estavam a afetar os serviços ecossistémicos, que apresentavam uma tendência decrescente. Diferentes espécies invasoras, pragas e insectos estavam a aumentar na zona húmida. A alteração da disponibilidade dos recursos hídricos e dos regimes florestais são outros efeitos visíveis. A maioria dos inquiridos considerou que o motor desta alteração do ecossistema foram as alterações climáticas associadas ao crescimento demográfico. O serviço que foi mais afetado pelas alterações climáticas foi o serviço provisório que inclui a produção de vários produtos. Além disso, estas mudanças podem também afetar o bem-estar e a saúde das pessoas. Quaisquer alterações nas condições climáticas que afectem os padrões de precipitação ou os regimes de temperatura terão um impacto adverso na função do ecossistema, acabando por afetar a condição económica das pessoas. Juntamente com as actividades antropogénicas, muitas espécies de plantas e animais das zonas húmidas estão em vias de extinção devido às alterações climáticas. À medida que o padrão climático se altera, a economia dos agricultores e da comunidade local, que depende da agricultura tradicional de subsistência, torna-se mais vulnerável e difícil de gerir. O nível de rendimento proveniente das zonas húmidas, da agricultura e da pecuária diminuiu, pelo que as pessoas estão a abandonar a sua ocupação tradicional e o seu modo de vida e a procurar profissões alternativas. Até agora, com pouco apoio do governo, a população local tem praticado algumas respostas adaptativas como o biogás, a florestação, as vedações eléctricas, a pesca por contrato, o ecoturismo e outros modelos. A sensibilização e a partilha de informações entre os habitantes locais devem ser feitas com mais frequência e eficácia para fazer face ao impacto das alterações climáticas. O relatório do estudo apresenta os resultados, a discussão e as recomendações para acções futuras. Conclui-se que as alterações climáticas estão a criar impactos multidimensionais na vida das comunidades rurais em torno da zona húmida. Devem ser desenvolvidas práticas de adaptação e deve ser aumentado o nível de consciencialização das pessoas sobre as alterações climáticas.

Prof. Sant Bahadur Gurung Conselheiro principal

Subodh Khanal
Autor

शोध-सार

नाम : सुबोध खनाल
परिचय पत्र नं. : आर-२०११-सी.ओ.ई.-०१ एम
सत्र तथा भर्ना वर्ष : प्रथम, २०११
उपाधि : कृषि स्नातकोत्तर
मुख्य विषय : संरक्षण पर्यावरण विज्ञान
विभाग : वातारण विज्ञान
मुख्य सल्लाहकार : प्रा. सन्त बहादुर गुरुङ्ग

जलवायु परिवर्तन पृथ्वीको जीवनको समकालिन विश्वव्यापी खतरा हो । यसको प्रभाव नेपालको सिमसारमा पाईने वनस्पती, जलचक्र र जीव परिवृत्ति पद्धतिबाट प्राप्त हुने सेवामा देखिन थालिसकेको छ । वि.सं. २०६९ जेष्ठ देखि भाद्र सम्म जलवायु परितर्वनले बिसहजारी ताल तथा सम्वद्द सिमसार क्षेत्रको पर्यावरणबाट प्राप्त सेबाहरुमा पारेको असरको बारेमा अध्ययन गरिएको थियो । यसको लागि सो क्षेत्रको मौसमी तथ्यांकको विश्लेषण र प्रतिगमन समिकरणको प्रयोग, कुंजी मुखबिरहरु संगको साक्षात्कार र समूह चर्चा संगै ११० घरधुरीको सर्वेक्षण गरी अध्ययनको लागि प्रारम्भिक तथ्यांक संकलन गरिएको थियो । जो कोहि बिधिबाट घरधुरीको छनोट गरी अध्ययनको लागि पूर्व परीक्षण गरिएको प्रश्नावालीको प्रयोग गरिएको थियो । जल तथा मौसमी चरहरुसंग सम्वन्धित तथ्यांकहरु द्धितिय श्रोतबाट प्राप्त गरिएको थियो । स्थानिय स्तरमा जलवायु परिवर्तनको निर्धारण र अनुकुल रणनीतिको धारणा आंकलन र दस्तावेजीकरण गर्ने उद्देश्यका साथ सुरु भएको यस कार्यका क्रममा प्राथमिकताको आधारबाट सिमसार क्षेत्रबाट प्राप्त हुने सेवाहरुको पनि दस्तावेज तयार भएको थियो । जस अनुसार सेवाहरुलाई चार भागमा वर्गिकरण गर्दा १२ प्रजातिका माछा, १८ प्रजातिका फल, १२ प्रजातिका काठ, १५ प्रजातिका चारा, २० प्रजातिका जंगली तरकारी र ३१ प्रजातिका औषधिय वनस्पतिहरु पाईएको थियो । यस क्रममा अन्य सेवाको पनि आंकलन गरिएको थियो । उत्तरदाताहरु मध्ये ६५.५% संख्याले आद्रभुमी (सिमसार) क्षेत्रबाट कुनै किसिमले आयस्ता लिएको पाईयो । अध्ययनका क्रममा विगत ३२ वर्ष (१९८०-२०१२) को तापक्रम र वर्षाको तथ्यांकको विश्लेषण गरिएको थियो । जसको आधारमा सिमसार क्षेत्रबाट प्राप्त हुने सेवामा जलवायु परिवर्तनको असर पाईयो । यस क्रममा प्रतिवर्ष औसत तापक्रम ०.०४५$^\circ$ से. र औसत बार्षिक वर्षा १.१८ मि.मि. का दरले बढेको पाईयो । प्रति वर्ष औसत न्यूनतम तापक्रम प्रतिवर्ष औसत अधिकतम तापक्रम भन्दा बढी थियो । स्थानिय समुदायको अनुभवमा पनि गर्मीका दिन बढ्दै गएको जाडोका दिनहरु घट्दै गएको र वर्षातमा क्रममा अतिवृष्टि र अनावृष्टि भएको पाईयो । जलबायु परिवर्तनको असर देखिने क्रममा सिमसार क्षेत्रबाट प्राप्त हुने सेवाहरु घट्दो क्रममा रहेको पाईयो । सिमसार क्षेत्रमा

विभिन्न वाह्य आक्रमक प्रजातिहरु, किट तथा रोगहरुको आत्रमण बढ्दै गएको पाईयो । जल संसाधन र वनजंगलको उपलब्धतामा परिवर्तन अन्य दृश्य प्रभाव हुन् । प्रायः उत्तरदाताको धारणामा यसको कारक तत्व जालवायु परिवर्तन नै रहेको पाईयो । यसको प्रभाव अधिक रुपमा सिमसार क्षेत्रबाट प्राप्त हुने वस्तुगत सेवामा परेको पाईयो । जलवायु परिवर्तनको असर समुदायको क्षेम कुशलतामा पर्नेछ र मौसम परिस्थितिमा हुने कुनै पनि परिवर्तनले जीव परिवृत्ति पद्धति कृत्यमा असर पारी जनताको आर्थिक स्तरमा पनि नकरात्मक असर पर्नेछ । मानव गतिविधिसंग युग्मित भइ जलवायु परिवर्तनको असरको रुपमा सिमसार क्षेत्रको जीवजन्तुको कयौ प्रजातिहअरु बिलुप्त हुने अवस्थामा पुगेको पाईयो । हावापानीको परिदृश्यमा परिवर्तन हुँदा परम्पारागत कृषिमा आधारित जनताहरुको अर्थव्यवस्था घट्न गई यस किसिमको नकरात्मक असरका लागि भेद्य हुनेछन् । सिमसार, कृषि र पशुबाट हुने आय घटेको हुनाले स्थानिय जनताहरु परम्परागत पेशाबाट अलग भई बैकल्पिक पेशा अँगाल्न बाध्य भएको पाईयो । सरकारबाट न्यून सहयोको वावजुत स्थानिय स्तरमा गोबार ग्याँस, वृक्षरोपण, विद्युतियबार, जैविक स्थापत्यकला र तटबन्ध, अनुबन्ध मत्स्य पालन, पर्याबरण पर्यटन जस्ता अन्य अनुकुल प्रतिक्रियाको प्रयोग गरिएको पाईयो । स्थानिय समुदायलाई आवश्यक जानकारी दिदै उनीहरुलाई जलवायु परिवर्तनको विरुद्धमा अझ जागरुक बनाएको खण्डमा यस किसिमको विषयमा परिस्थितिबाट उन्मुक्ति संभव छ । बिसहजारी ताल र संवद्ध सिमसार क्षेत्र वरपर भएको जलवायु परिवर्तन सूक्ष्म अध्ययन गर्दै भविष्यमा गर्नुपर्ने कार्यको निष्कर्ष, चर्चा परिचर्चाको साथ बिभिन्न सिफारिश पनि प्रस्तुत गरिएको छ । अन्त्यमा जलवायु परिवर्तनको सिमसार क्षेत्रमा आधारित समुदायको जीवनमा बहुआयमिक प्रभाव पारेको निष्कर्ष निकाल्दै अनुकुल प्रथाको विकास र जनताहरुमा जागरुकताको आवश्यकता औलाईएको छ ।

प्रा. सन्त बहादुर गुरुङ्ग
मुख्य सल्लाहकार

सुबोध खनाल
लेखक

Capítulo 1

1 INTRODUÇÃO

1.1 Antecedentes

Globalmente, diz-se que as zonas húmidas cobrem uma área estimada de 5,3 a 12,8 milhões de km^2. Dado que os ecossistemas das zonas húmidas desempenham um papel vital na manutenção da biodiversidade e da qualidade ambiental, têm sido alvo de grande atenção científica e política (Joosten e Clarke, 2002; Verhoeven *et al.*, 2006). As zonas húmidas, tal como outros ecossistemas, fornecem bens e serviços de enorme valor para a sociedade humana (Daily, 1997). A Avaliação do Ecossistema do Milénio que foi levada a cabo entre 2001 e 2005 sob os auspícios das Nações Unidas teve conclusões chave de que as zonas húmidas e os serviços de ecossistema que fornecem são extremamente valiosos para as pessoas em todo o mundo (Avaliação do Ecossistema do Milénio, 2005).

Em comparação com outros ecossistemas, a degradação e a perda de zonas húmidas foram identificadas como sendo mais rápidas no âmbito do processo de Avaliação do Ecossistema do Milénio e o impacto das alterações climáticas foi também pronunciado nos serviços ecossistémicos prestados pelas zonas húmidas. O Nepal está a aquecer significativamente em comparação com a média global de $0{,}74^0$ C, registada no século XX. De acordo com um estudo recente, a temperatura do Nepal está a aumentar 0,41°C por década (Shrestha *et al.*, 2000). O apoio à biodiversidade, a melhoria da qualidade da água, a redução das inundações e o sequestro de carbono são funções-chave que são prejudicadas quando as zonas húmidas se perdem ou se degradam (Zedler e Kercher, 2005). Diz-se que as zonas húmidas são um dos ecossistemas mais ameaçados do mundo, apesar da sua biodiversidade única e dos importantes serviços ecossistémicos que prestam (Meire *et al.*, 2007).

As alterações climáticas provocam uma vasta gama de efeitos no ambiente, na socioeconomia, incluindo os recursos hídricos, a agricultura e a segurança alimentar, a saúde humana, os ecossistemas terrestres e a biodiversidade. As alterações nos padrões de precipitação são susceptíveis de provocar graves carências de água e inundações. O degelo dos glaciares pode causar inundações e erosão dos solos (UNFCCC, 2007). Os meios de subsistência das populações do terceiro mundo estão a mudar e a ser ameaçados pelas alterações climáticas. Os impactes destas alterações são mais prejudiciais para os meios de subsistência das pessoas que dependem da floresta, da terra e da biodiversidade para se alimentarem, se abrigarem e obterem rendimentos. As pessoas pobres, cujos meios de subsistência se baseiam na natureza, sofreram os impactos adversos das alterações climáticas e estão a lutar para lhes fazer face (UNFCCC, 2007).

As zonas húmidas são sensíveis não só às alterações do clima e das concentrações atmosféricas de gases vestigiais, mas também a outras alterações antropogénicas, como a utilização dos solos, a deposição de azoto, a poluição e as espécies invasoras (Reid *et al.*, 2005). A capacidade de adaptação e a resiliência necessárias para fazer face às alterações climáticas e a outros factores de tensão adicionais para os meios de subsistência, bem como a procura cada vez maior de água para alimentação, combustível e florestas, devem ser melhor compreendidas e abordadas. As principais lacunas de conhecimento podem ser preenchidas por uma investigação bem direcionada sobre como garantir os serviços reguladores e de apoio dos ecosistemas, ao mesmo tempo que se faz o máximo para a redução da pobreza (Mayers e Liquiao, 2007).

O estudo centra-se nas comunidades em torno do lago Bishajari, Chitwan, um dos nove sítios Ramsar do Nepal. Embora as pessoas que residem na região se tenham adaptado às variações físico-climáticas desde tempos remotos, as suas vidas começaram a ser afectadas pelas anomalias climáticas, o que poderá ser mais prejudicial no futuro se não forem aplicadas medidas adequadas. Para isso, precisamos de conhecer o grau de vulnerabilidade e as áreas dos sistemas de apoio à subsistência que estão em risco. O conhecimento que estas pessoas adquiriram ao longo do tempo deve ser bem compreendido para se poderem recomendar técnicas adequadas às suas necessidades de adaptação ao clima.

As zonas húmidas já se encontram entre os biomas mais ameaçados do mundo e suportam a maior proporção de espécies em perigo, pelo que são regiões vulneráveis às alterações climáticas. Têm-se observado muitas mudanças no período de poucas décadas. A procura de água irá agravar as ameaças aos biomas, às espécies e aos serviços que prestam. As alterações climáticas aumentarão significativamente estes factores de perda, tanto direta como indiretamente. Assim, este estudo foi realizado num dos sítios Ramsar designados do Nepal, o lago Bishajari e a zona húmida associada. Os habitantes locais observaram o aumento das inundações e dos deslizamentos de terras e a alteração do padrão de precipitação. Esta área de estudo abrangeu uma zona importante no sítio Ramsar e nas suas imediações.

1.2 Justificação do estudo

As zonas húmidas são um dos ecossistemas mais diversificados do planeta, fornecendo não só muitos recursos e serviços, mas também mantendo uma elevada importância ecológica através da sua capacidade de fornecer serviços de manutenção da vida (Finlayson, 1997). Sendo um dos ecossistemas mais produtivos da Terra, as zonas húmidas apoiam direta e indiretamente milhões de pessoas, fornecendo serviços como alimentos, fibras e matérias-primas, controlo de tempestades e inundações, abastecimento de água limpa, beleza paisagística e benefícios educativos e recreativos (Stuip *et al.*, 2002). A contribuição do Nepal para as emissões globais de gases com efeito de estufa é de apenas 0,025%; é um dos países mais vulneráveis às alterações climáticas. A temperatura atmosférica do Nepal está a aumentar a um ritmo alarmante ($0{,}06^0$ C por ano). Com a mudança de temperatura, aumenta o número de riscos naturais. O padrão de precipitação está a mudar; o problema das doenças tropicais também se faz sentir nas colinas e nos Himalaias. As explosões de lagos glaciares, avalanches, inundações, secas, etc., estão a aumentar. Os riscos naturais relacionados com as inundações aumentaram a perda de seres humanos e de riqueza. A produção e a produtividade agrícolas estão a diminuir devido às alterações climáticas. A nossa prática agrícola depende do padrão de precipitação. O padrão de precipitação está a mudar devido às alterações climáticas. Os efeitos adversos das alterações climáticas conduzirão a uma redução dos serviços prestados pelas zonas húmidas. Os sistemas de água doce que já sofrem ou são vulneráveis ao stress hídrico serão provavelmente os mais sensíveis às alterações climáticas. O ritmo das alterações climáticas será desigual e súbito, em vez de gradual e suave. Para as zonas húmidas, tal como para outros ecossistemas, é necessário que uma abordagem estratégica provenha de uma boa ciência, apoiada pelo apoio do governo, com uma forte participação da comunidade. Mas a ciência, por si só, não é suficiente para resolver os nossos problemas - como comunidade científica, precisamos também de comunicar eficazmente a ciência e os seus resultados. Só através da compreensão e apreciação universais destas belas e valiosas áreas naturais poderemos ter esperança de salvar as preciosas zonas húmidas que restam.

A este respeito, as alterações climáticas são a questão mais proeminente no Nepal. Este estudo avaliou o problema enfrentado pelas pessoas na área de estudo. A questão emergente das alterações climáticas e dos seus impactos nos serviços ecossistémicos é o foco principal deste estudo.

1.3 Objectivos do estudo

O objetivo geral deste estudo é avaliar o impacto das alterações climáticas nos serviços ecossistémicos derivados do lago Bishajari e da zona húmida associada e o estudo visa especificamente

- Documentar a perceção das populações locais sobre os impactes das alterações climáticas e as suas respostas.
- Identificar os serviços prestados pelas zonas húmidas no contexto de Chitwan.
- Determinar a adaptação e a resiliência para salvaguardar as zonas húmidas e os serviços obtidos a partir delas.

1.4 Questões de investigação

Para atingir os objectivos, foram formuladas as seguintes questões de investigação:

- Quais são as diferentes unidades de paisagem que se encontram em torno da zona húmida?
- Quais são os principais serviços ecossistémicos prestados pelo lago Bishajari e pela zona húmida associada?
- Quais são os serviços ecosistémicos mais importantes de acordo com a perceção da população local?
- Os serviços derivados da zona húmida estão a degradar-se?
- Quem são as principais partes interessadas envolvidas na utilização e gestão a nível local?
- Quais são as possíveis causas da degradação dos serviços ecossistémicos derivados da zona húmida?
- Como é que as alterações climáticas estão ligadas à degradação destes serviços ecossistémicos?
- Qual é a vulnerabilidade das comunidades em torno da zona húmida às alterações climáticas?
- Quais são as possíveis formas de adaptação para mitigar os efeitos das alterações climáticas que estão a ser praticadas?

1.5 Limitações do estudo

O estudo foi realizado num período de tempo limitado, com recursos limitados e concentrado numa área específica. O estudo foi realizado numa estação do ano. Por conseguinte, os seus resultados podem não ser aplicáveis a outras áreas, contextos e estações.

Capítulo 2

2 REVISÃO DA LITERATURA

2.2 Definição de zonas húmidas

"Uma definição precisa de zona húmida coloca desafios, com mais de cinquenta definições na literatura" (Barendregt, 2004). As zonas húmidas também foram definidas como "terrenos onde a superfície da água se encontra perto da superfície do solo durante um período anual suficientemente longo para manter as condições de saturação do solo, juntamente com a vegetação associada" (Reed, 1995).

A Convenção de Ramsar adopta uma abordagem ampla para determinar as zonas húmidas que estão sob a sua égide. De acordo com o texto da Convenção (artigo 1.1), as zonas húmidas são definidas como "zonas de pântano, pântano, turfa ou água, naturais ou artificiais, permanentes ou temporárias, com água estática ou corrente, doce, salobra ou salgada, incluindo zonas de água marinha cuja profundidade na maré baixa não exceda seis metros".

2.3 Ecossistema, função do ecossistema e serviços ecossistémicos

Um ecossistema é uma comunidade de organismos vivos em conjunto com os componentes não vivos do seu ambiente, interagindo como um sistema (Schulze *et al.*, 2005).

Os ecossistemas têm uma vasta gama de funções num amplo contexto social, económico e ecológico. Diferentes autores definem as funções dos ecossistemas e os serviços associados de forma diferente. De acordo com De Groot (2000), as funções dos ecossistemas são definidas como "a capacidade dos processos e componentes naturais de fornecer bens e serviços que satisfazem direta ou indiretamente as necessidades humanas".

As funções dos ecossistemas através dos processos ecológicos e das interações dos componentes dos ecossistemas dão-nos bens e serviços associados (De Groot, 2000). Os serviços ecosistémicos são os benefícios que as pessoas obtêm do ecosistema (MEA, 2003, MEA, 2005). É a presença do ser humano que dá valor a estes serviços ecosistémicos (De Groot *et al.*, 2002).

Caixa 1: Classificação das funções ecosistémicas (Costanza *et al.* 1997; De Groot *et al.*, 2002)

- Funções de produção: A fotossíntese e a absorção de nutrientes pelos autótrofos convertem energia, dióxido de carbono, água e nutrientes numa grande variedade de estruturas de hidratos de carbono que são depois utilizadas pelos produtores secundários para criar uma variedade ainda maior de biomassa viva. Esta grande diversidade de estruturas de hidratos de carbono fornece muitos bens do ecossistema para consumo humano, desde alimentos e matérias-primas a recursos energéticos e material genético.
- Funções de regulação: este grupo de funções diz respeito à capacidade dos ecossistemas naturais e seminaturais para regular os processos ecológicos essenciais e os sistemas de apoio à vida através dos ciclos bio-geoquímicos e de outros processos biosféricos. Para além de manterem a saúde dos ecossistemas (e da biosfera), estas funções de regulação prestam muitos serviços que têm benefícios diretos e indirectos para os seres humanos (como ar, água e solo limpos e serviços de controlo biológico).
- Funções do habitat: os ecossistemas naturais proporcionam refúgio e habitat de reprodução às plantas e animais selvagens, contribuindo assim para a conservação (in situ) da diversidade biológica e genética e para os processos evolutivos electrónicos.
- Funções de informação: Uma vez que a maior parte da evolução humana teve lugar no contexto de um habitat não domesticado, os ecossistemas naturais proporcionam uma "função de referência" essencial e contribuem para a manutenção da saúde humana, proporcionando oportunidades de reflexão, enriquecimento espiritual, desenvolvimento cognitivo, recreação e experiência estética.

Há três definições comuns de serviços ecosistémicos que são frequentemente citadas:

- As condições e os processos através dos quais os ecossistemas naturais, e as espécies que os compõem, sustentam e realizam a vida humana (Daily, 1997).
- Os benefícios que as populações humanas obtêm, direta ou indiretamente, das funções ecosistémicas (Costanza *et al.*, 1997).
- Os benefícios que as pessoas obtêm dos ecossistemas (MEA, 2005).

A Avaliação Ecosistémica do Milénio (2003) dá uma visão mais clara e resumida sobre o agrupamento dos serviços ecosistémicos. Além disso, depois de tantos esforços sobre a tipologia e quadro dos serviços ecosistémicos, o MA agrupou os serviços em quatro: serviços de aprovisionamento, regulação, culturais e de apoio (Caixa 2). Estes serviços ecosistémicos foram categorizados de várias maneiras diferentes (MEA, 2003, MEA, 2005).

Caixa 2: Tipologia dos serviços ecossistémicos (MEA, 2003, MEA, 2005)

- Serviços de aprovisionamento: produtos obtidos dos ecossistemas: Alimentos, água doce e madeira para combustível, fibras, produtos bioquímicos e recursos genéticos
- Serviços de regulação: Benefícios obtidos através da regulação dos processos ecosistémicos:
- Regulação do clima, Regulação de doenças, Regulação da água, Purificação da água, Polinização
- Serviços culturais: benefícios não materiais obtidos dos ecossistemas: Espirituais e religiosos, Recreação e Ecoturismo, Estéticos, Inspiradores, Educativos, Sentido de lugar, Património cultural
- Serviços de apoio: Serviços necessários para a produção de todos os outros serviços ecossistémicos: Formação do solo, ciclo de nutrientes e produção primária.

2.4 Ecossistemas de zonas húmidas

Um ecossistema de zona húmida é definido como "qualquer unidade que inclua todos os organismos de uma determinada área em interação com o ambiente físico, de modo a que um fluxo de energia conduza a uma estrutura trófica claramente definida, a uma diversidade biótica e a ciclos materiais dentro do sistema" (Dennison e Berry, 1993).

As zonas húmidas estão entre os ecossistemas mais produtivos da Terra. Foram descritas como "*os rins da paisagem*", devido às funções que desempenham nos ciclos hidrológicos e químicos, e como "*supermercados biológicos*", devido às extensas cadeias alimentares e à rica biodiversidade que suportam (Barbier *et al.*, 1997)

A Avaliação Ecossistémica do Milénio, 2005, determinou que a degradação ambiental é mais proeminente nos sistemas de zonas húmidas do que em qualquer outro ecossistema na Terra. As zonas húmidas desempenham papéis no ambiente, principalmente na purificação da água, no controlo das cheias e na estabilidade da linha costeira. As zonas húmidas são também consideradas como o mais biologicamente diverso de todos os ecossistemas, servindo de abrigo a uma vasta gama de vida vegetal e animal (www.ramsar.org).

Tabela 1. Resumo dos serviços dos ecossistemas derivados ou fornecidos pelas zonas húmidas

Serviços	Comentários e exemplos
a. Aprovisionamento: produtos obtidos dos ecossistemas	
Alimentos	Produção de peixe, caça selvagem, frutos e cereais
Água doce	Armazenamento e retenção de água para uso doméstico, industrial e agrícola
Fibra e combustível	Produção de toros, madeira para combustível, turfa forrageira
Bioquímica	extração de medicamentos e outros materiais do biota
Materiais genéticos	Genes de resistência a agentes patogénicos das plantas, espécies ornamentais, etc.
b. Regulação: benefícios obtidos através da regulação dos processos ecosistémicos	
	Fonte e sumidouro de gases com efeito de estufa:
Regulação climática	influenciam a temperatura local e regional, a precipitação e outros processos climáticos
Regulação da água (fluxos hidrológicos)	recarga/descarga de águas subterrâneas

Purificação da água e resíduos	Retenção, recuperação e remoção do excesso de nutrientes
tratamento	e outros poluentes
Regulação da erosão	retenção de solos e sedimentos
Regulamentação dos riscos naturais	Controlo das inundações, proteção contra as tempestades
Polinização	habitat para polinizadores
c. Culturais: benefícios não materiais obtidos dos ecossistemas	
Espiritual e inspirador	fonte de inspiração: muitas religiões atribuem valores espirituais e religiosos a aspectos dos ecossistemas das zonas húmidas
Recreativo	oportunidades para actividades recreativas
Estética	muitas pessoas encontram beleza ou valor estético em aspectos dos ecossistemas das zonas húmidas
Educacional	oportunidades de educação e formação formal e informal
d. De apoio: serviços necessários para a produção de todos os outros serviços ecosistémicos	
Formação do solo	retenção de sedimentos e acumulação de matéria orgânica
Ciclo de nutrientes	armazenamento, reciclagem, transformação e aquisição de nutrientes

Fonte: Avaliação Ecossistémica do Milénio, 2005. Ecossistemas e bem-estar humano: Zonas húmidas e água

2.5 Situação das zonas húmidas no Nepal

Até 2008, o Nepal tinha nove zonas húmidas de importância internacional designadas como sítios Ramsar. A zona húmida de Koshi Tappu foi a primeira zona húmida incluída na lista de Ramsar em 17 de dezembro de 1987 (Poudel, 2009). A área dos sítios Ramsar em todo o mundo é de 181.365.679 hectares e a do Nepal é de 34.455 hectares (em 11 de agosto de 2009), representando 0,019% da área total dos sítios Ramsar a nível mundial. Mais de 1845 zonas húmidas foram incluídas na Lista de Ramsar em todo o mundo (Convenção de Ramsar sobre Zonas Húmidas, 2009). Ao analisar a área dos sítios Ramsar do Nepal, verifica-se que a dimensão dos sítios Ramsar varia entre 90 hectares e 17500 hectares (Poudel, 2009; Wetlands International/Ramsar, 2009). A área da maioria dos sítios Ramsar é inferior a 3200 hectares. A zona húmida de Koshi Tappu é o maior sítio Ramsar do Nepal, com uma área de 17500 hectares. Mai Pokhari é o sítio Ramsar mais pequeno do Nepal, com uma área de apenas 90 hectares. A situação dos sítios Ramsar do Nepal é apresentada no Anexo 1.

2.6 Ameaças às zonas húmidas

Todos os tipos de zonas húmidas são sensíveis a alterações no seu regime hidrológico (Keough *et al.*, 1999). Com o aumento da procura de água de irrigação e de abastecimento público de água, o esgotamento das águas subterrâneas representa também uma grande ameaça para as zonas húmidas. Tais perturbações influenciam diretamente as comunidades de plantas (Poiani *et al.*, 1995), invertebrados e peixes (Wilcox e Meeker 1992), a estrutura trófica (Mensing *et al.*, 1998) e a produtividade (Brinson, 1993).

Os principais impactos da degradação e perda de zonas húmidas são a sucessão da vegetação, a eutrofização, a poluição da água, a fragmentação, a subsidência e a alteração da abundância e diversidade das espécies (IUCN, 2004).

2.7 Alterações climáticas

As alterações climáticas referem-se a uma "variação estatisticamente significativa no estado médio do clima ou na sua variabilidade, que pode ser devida a processos naturais ou a forças externas, ou a alterações antropogénicas persistentes na composição da atmosfera ou na utilização dos solos" (IPCC, 2001). A mudança súbita e inesperada do tempo ou da estação é conhecida como mudança climática (Sapkota, 2064).

A CQNUAC (2001) define as alterações climáticas como "uma mudança do clima atribuída direta ou indiretamente à atividade humana que altera a composição da atmosfera global". A CQNUAC, no seu artigo 1.°, define as alterações climáticas como uma mudança do clima atribuída direta ou indiretamente à atividade humana que altera a composição da atmosfera global e que se acrescenta à variabilidade climática natural observada durante períodos de tempo comparáveis.

Muitos cientistas têm um consenso comum de que a incidência das alterações climáticas é o resultado do aumento dos gases com efeito de estufa (GEE) na atmosfera devido a actividades antropogénicas (Louman, 2009). Estas emissões globais de gases com efeito de estufa aumentaram desde a era industrial, com um aumento de 70% entre 1970 e 2004 (IPCC, 2007a). Embora as alterações climáticas sejam um fenómeno universal, os seus indicadores e manifestações são inteiramente locais, o mesmo acontecendo com as escolhas, estratégias e práticas de adaptação. Tem sido dada uma ênfase crescente às abordagens ascendentes, segundo as quais os estudos sobre as alterações climáticas devem ser efectuados a nível local, onde as adaptações acabam por ter lugar (Smit e Wandel, 2006). Se as emissões continuarem a aumentar às taxas actuais, poderão ultrapassar os 700 ppm até ao final do presente século (IPCC, 2001).

2.7.1 O Nepal e as alterações climáticas

Sendo o Nepal parte integrante do globo, não pode permanecer intocado por esta mudança global. O Nepal está a sentir as tendências crescentes e os efeitos associados das alterações climáticas, embora seja responsável apenas por cerca de 0,025% do total das emissões anuais de gases com efeito de estufa do mundo (Karki, 2007). Já se regista um aumento do período seco, da precipitação intensa, das inundações, dos deslizamentos de terras, dos incêndios florestais, dos recuos glaciares e das ameaças de GLOF (Shrestha, 2007).

O aquecimento consistente e o aumento da temperatura máxima estão a ser observados no Nepal a uma taxa anual de 0,04-0,06° C (MoE, NAPA 2010). Outro relatório do Governo do Nepal (GoN), baseado numa análise da temperatura registada entre 1981 e 1998, mostra um aumento de 0,41°C por década (GoN, 2004).

Diz-se que os países em desenvolvimento são mais vulneráveis aos efeitos das alterações climáticas devido à sua grande dependência de sectores sensíveis ao clima, como os glaciares, a agricultura e a silvicultura, e à sua fraca capacidade de adaptação financeira (Karki, 2007). Mais de dois milhões de nepaleses dependem de sectores sensíveis ao clima, como a agricultura e a silvicultura, para a sua subsistência (Garg *et al.*, 2007).

Os principais recursos naturais do Nepal, os recursos florestais e os recursos hídricos, estão na linha da frente da vulnerabilidade às alterações climáticas (Practical Action, 2009). As alterações climáticas e a subida das temperaturas podem obrigar o Nepal a enfrentar fases mais secas durante as estações secas e monções mais húmidas (até três vezes o nível atual de precipitação), com a possibilidade de inundações e deslizamentos de terras durante a estação das chuvas, com os subsequentes impactos na agricultura, na silvicultura e nos meios de subsistência (Alan & Regmi, 2005). O impacto das alterações climáticas será o seguinte (Sedhai, 2064).

- O aumento da temperatura provoca a propagação de mosquitos de insectos tropicais, moscas e outras doenças na parte superior que causarão epidemias.
- Os terrenos de pastagem dos Himalaias serão cobertos por arbustos, o que conduzirá à escassez de terrenos de pastagem e a impactos negativos na criação de gado.
- A escassez de água, a pobreza e a diminuição da produtividade agrícola têm efeitos negativos no desenvolvimento do turismo sustentável.

2.7.2 Impactos das alterações climáticas no Nepal

- Aumento da temperatura: A taxa de aumento da temperatura é menor em altitudes elevadas do que em altitudes baixas (APN, 2005; Shrestha *et al.*, 1999).
  Quadir *et al.* (2004) verificaram que a região em torno da Baía de Bengala mostra que o aumento da temperatura é mais predominante no Nepal do que noutros países.
- Alteração do padrão de precipitação: A tendência da precipitação está a aumentar abaixo dos 1500 m de altitude e a diminuir acima dos 1500 m (Baidya *et al.*, 2008). Registaram-se cortes de energia durante mais de dois terços do dia, o que demonstra a diminuição do nível da água nas barragens e a redução do caudal dos rios. Verifica-se um aumento do número de dias de cheia em certos rios do Nepal e uma redução do caudal fiável de certos rios na estação seca.
- Aumento dos fenómenos climáticos extremos: os fenómenos climáticos extremos têm uma tendência crescente e prevê-se que aumentem no futuro. O aumento da frequência de fenómenos climáticos extremos, como as chuvas que provocam inundações e deslizamentos de terras, afectou negativamente a produção agrícola (Regmi, 2007). As zonas de povoamento de montanha do Nepal são propensas a deslizamentos de terras e inundações e, por conseguinte, mais vulneráveis às alterações climáticas. Esta vulnerabilidade é particularmente agravada durante fenómenos meteorológicos extremos (MOPE, 2004).
- Derretimento dos glaciares: Os glaciares dos Himalaias estão a recuar rapidamente, por exemplo, o glaciar Imja está a derreter a uma taxa de 74 m por ano e cerca de 20 lagos glaciares estão à beira da explosão (Bajracharya *et al.*, 2007). A formação de lagos glaciares e a continuação do seu crescimento aumentaram o risco de rebentamento de lagos glaciares, o que pode resultar no aumento de inundações, deslizamentos de terras e sedimentação (Agrawala *et al.*, 2003).
- Diminuição da produção agrícola: A monção de verão contribui para 75% da precipitação total anual, sendo a precipitação média do Nepal de 1 700 mm por ano, o que regula o sector agrícola do país (ADB e ICIMOD, 2007).
- Extensão da superfície agrícola: Regmi e Adhikari (2007) relataram que as pessoas começaram a cultivar couve-flor, pimentão, tomate, repolho e pepino em Manang e Mustang, onde não era possível cultivar esses vegetais anteriormente, o que pode ser considerado como um impacto positivo das alterações climáticas.
- Incidência de incêndios: O inverno tem sido mais seco nos últimos anos, pelo que os incêndios florestais deflagraram em muitos parques nacionais e zonas de conservação de maior altitude do Nepal, que fazem fronteira com a Índia e o Tibete.
- Propagação de doenças: Na última década, a incidência do calazar aumentou, especialmente na região do Terai, no centro e leste do Nepal. No entanto, em 1998, foi registada em zonas fora da sua área de distribuição habitual (MOPE, 2004). Do mesmo modo, a região subtropical do Nepal tornou-se mais propícia à encefalite japonesa.

2.7.3 Impacto das alterações climáticas na agricultura

- Cinco factores principais das alterações climáticas afectarão a produtividade agrícola: alteração da temperatura, precipitação, fertilização com dióxido de carbono, variabilidade climática e escoamento das águas superficiais. Em África, na Ásia e na América Central, os rendimentos do trigo e do milho poderão diminuir cerca de 20 a 40% com o aumento da temperatura em 3 a 4^0 C, mesmo pressupondo um ajustamento ao nível das temperaturas mais elevadas. Com a fertilização total com CO2, as perdas seriam cerca de metade. Os rendimentos do arroz também diminuiriam, embora menos do que os do trigo e do milho (WDR, 2008).

De acordo com o PIAC, os seguintes factores importantes estão diretamente relacionados com as alterações climáticas e a produtividade agrícola:

- Aumento da temperatura média: Um aumento da temperatura média pode prolongar a estação de crescimento em regiões com uma primavera e um outono relativamente frescos; afetar negativamente as culturas em regiões onde o calor do verão já limita a produção; aumentar as taxas de evaporação do solo e aumentar as probabilidades de secas graves.
- Alteração da quantidade e dos padrões de precipitação: O PIAC prevê que a precipitação aumente nas latitudes elevadas e diminua na maioria das regiões terrestres subtropicais, em parte até cerca de 20% (PIAC, 2007b).
- Aumento das concentrações atmosféricas de CO2: O aumento dos níveis atmosféricos de CO_2 , impulsionado pelas emissões das actividades humanas, pode atuar como fertilizante e aumentar o crescimento de algumas culturas, como o trigo, o arroz e a soja, mas pode atenuar qualquer efeito benéfico da fertilização com CO2 (IPCC, 2007b).
- Alteração da variabilidade climática e fenómenos extremos: As alterações na frequência e gravidade das vagas de calor, secas, inundações e furacões continuam a ser uma incerteza fundamental nas futuras alterações climáticas e são mais difíceis de prever.
- As alterações climáticas aumentarão a ocorrência de fenómenos extremos como inundações, secas e granizo, que podem também ter um efeito drástico na agricultura. A subida das temperaturas e o aumento da pluviosidade podem também dar origem a mais pragas e ervas daninhas, o que reduzirá a produtividade agrícola.

2.7.4 Impacto das alterações climáticas na biodiversidade

- É provável que cerca de 20 a 30% das espécies vegetais e animais avaliadas até à data estejam em risco acrescido de extinção se o aumento da temperatura média global exceder 1,5 a 2,5 graus Celsius (PNUD, 2008).
- É provável que cerca de 20 a 30 por cento das espécies vegetais e animais avaliadas até à data corram um risco acrescido de extinção se o aumento da temperatura média global exceder 1,5 a 2,5 graus Celsius (PNUD, 2008).

Os impactos das alterações climáticas são visíveis na biodiversidade, incluindo a biodiversidade insular, embora a sua importância relativa varie em função dos organismos e ecossistemas presentes numa determinada área (PNUA, 2010).

- Estima-se que o aumento da temperatura em 1,5 a 2,5°C levará ao desaparecimento de 20% a 30% das espécies que partilham o globo. Espécies exóticas, invasoras e nocivas como Eupatrium *adenophorum, Berberis aristata, Amaranthus spp.* têm sido observadas em muitos locais, substituindo as espécies endémicas existentes (Poudel e Upadhaya, 2010).

2.7.5 Impacto das alterações climáticas na saúde das pessoas

- Prevê-se que as alterações climáticas tenham muitas consequências para a saúde humana. Doenças como a malária e a encefalite japonesa propagaram-se a novas áreas. A temperatura entre 22 e 23^{0} C favorece o desenvolvimento dos mosquitos e a conclusão do seu ciclo, aumentando a temperatura média e tornando o ambiente favorável a diferentes tipos de doenças. (Programa Sagun CARE, 2009).
- As alterações climáticas podem afetar diretamente a saúde humana através do aumento da temperatura média. O IPCC produziu uma série de relatórios de avaliação e a publicação mais recente é o quarto relatório de avaliação de 2007, que concluiu que as alterações climáticas contribuem atualmente para o peso global das doenças e das mortes prematuras. Este aumento pode levar a ondas de calor mais extremas durante o verão e a períodos de frio menos extremos durante o inverno (IPCC, 2007a).

2.7.6 Impacto das alterações climáticas na economia em geral

- Um estudo recente realizado pelo Grupo de Alterações Climáticas (CIG) da Universidade de Washington e pela Iniciativa de Liderança Climática (CLI) da Universidade de Oregon sobre o ambiente e a economia de Washington revelou que cada agregado familiar em Washington pagará, em média, mais 1 250 dólares por ano até 2020, 1 800 dólares até 2040 e 2 750 dólares até 2080 devido às alterações climáticas (CLI, 2009).
- Smith *et al.* (2001:957-958) concluíram, com um grau de confiança médio, que as alterações climáticas aumentariam as desigualdades de rendimento entre países e no interior de cada país e que um pequeno aumento da temperatura média global (até 2 °C, medido em relação aos níveis de 1990) teria como resultado impactos negativos líquidos no sector do mercado em muitos países em desenvolvimento e impactos positivos líquidos no sector do mercado em muitos países desenvolvidos.

2.7.7 Impactos das alterações climáticas na estrutura e funcionamento dos ecossistemas

- A diminuição do escoamento superficial em resultado da secura ou da seca diminuirá as entradas das terras altas para as zonas húmidas, mas aumentará a retenção destas substâncias nas zonas húmidas. A flutuação dos níveis de água combinada com temperaturas mais elevadas deverá resultar numa eventual diminuição do armazenamento de nutrientes e de carbono (Mulholland *et al.,* 1997). Temperaturas mais quentes e CO_2 elevado deverão resultar numa maior produção primária por unidade de biomassa (Morin e Bourassa 1992), mas os efeitos negativos do ozono e os regimes hidrológicos flutuantes poderão compensar estes aumentos de produtividade das zonas húmidas.
- As flutuações dos níveis de água e da humidade do solo também influenciam a libertação de nutrientes e metais pesados (Grigal, 2002). O aquecimento climático fará provavelmente com que algumas espécies de zonas húmidas mudem as suas áreas de distribuição para se adaptarem às suas tolerâncias térmicas (Skelly 1996).

2.7.8 Impactos previstos das alterações climáticas no Nepal

O grau de aumento da temperatura será mais elevado na parte ocidental do Nepal do que noutras regiões (ADB e ICIMOD, 2007). Agrawala *et al.* (2003) classificaram a vulnerabilidade de diferentes sectores do Nepal aos impactos adversos das alterações climáticas, que é mencionada no Quadro 2.

Quadro 2. Classificação da vulnerabilidade dos sectores às alterações climáticas recurso/classificação

Recurso/Ranking	Certeza	Hora do impacto	Gravidade	Importância
Recursos hídricos e energia hidroelétrica	Elevado	Elevado	Elevado	Elevado
Agricultura	Médio-baixo	Médio-baixo	Médio	Elevado
Saúde humana	Baixa	Médio	Incerto	Elevado

Ecossistema/ biodiversidade	Baixa	Incerto	Incerto	Médio-alto

O degelo dos glaciares provocará um aumento do nível do leito dos rios nos próximos anos, o que levará a uma elevada incidência de inundações e deslizamentos de terras; mas, a longo prazo, a redução do caudal de água doce em 12 rios resultará numa grave escassez de água (WWF, 2005; IPCC, 2001). A redução do caudal dos rios terá consequências negativas para a irrigação e a agricultura, os moinhos de cereais tradicionais, o abastecimento de água, a produção de energia eléctrica, o abastecimento de água potável e o turismo.

A temperatura já é superior a 30°C, embora a gama óptima de temperaturas para a cultura do arroz no Nepal seja de 22-30°C nas planícies do Terai meridional do Nepal, onde a maior parte do arroz é cultivada (MOPE, 2004). Chaulagain (2006) referiu que o aumento da temperatura aumentará a procura de água para irrigação e reduzirá o escoamento anual dos rios, acabando por diminuir a produção agrícola. No cenário de duplicação do CO2, os tipos de floresta serão reduzidos de 15 para 12 tipos. As florestas húmidas temperadas frias, secas temperadas frias e estepes temperadas frias desaparecerão (MOPE, 2004). Os pobres e os criadores de gado são identificados como mais vulneráveis a estas doenças (Alan e Regmi, 2004).

2.8 A perceção das pessoas sobre as alterações climáticas

De acordo com Nelson e Quick (1997: 83-84), "a perceção social é o processo de interpretação da informação sobre outra pessoa".

De uma terceira perspetiva, "a perceção social refere-se à construção de uma compreensão do mundo social a partir dos dados que obtemos através dos nossos sentidos" (Michener, DeLamater e Myers, 2004: 106).

Na última década, foram realizados alguns estudos sobre as percepções das alterações climáticas a nível nacional (Leiserowitz, 2007), ou a nível local, em países desenvolvidos (Patino e Gauthier, 2009), bem como em países em desenvolvimento em África (Gbetibouo, 2009; Maddison, 2007) e na Ásia (Chaudhary e Bawa, 2011; Dahal, 2005). Na Ásia, todos estes estudos são realizados entre as comunidades dos Himalaias da Índia, do Nepal e do Tibete, provavelmente porque grande parte da atenção na Ásia tem sido recebida pelo degelo dos glaciares nos Himalaias (IPCC, 2007b). No Nepal, embora tenham sido efectuados alguns estudos sobre as percepções locais das alterações climáticas nas colinas e planícies baixas (Tiwari *et al.*, 2010; Bhusal, 2009), esses estudos ainda não foram publicados na literatura revista pelos pares.

O ponto de vista das comunidades locais sobre as alterações climáticas em curso, as suas causas e impactos pode ser totalmente diferente do que a ciência explicou sobre as alterações climáticas. Patino e Gauthier (2009) demonstram que as perspectivas locais podem ser combinadas com cenários climáticos científicos para elaborar recomendações políticas da comunidade através do mapeamento participativo da vulnerabilidade.

2.9 Vulnerabilidade e sua avaliação

A vulnerabilidade é o grau em que um sistema é suscetível de sofrer danos devido à sua exposição ao perigo, que é determinado pela capacidade de um sistema para antecipar, enfrentar, resistir e recuperar do impacto do perigo. A exposição da comunidade aos riscos naturais está a aumentar de dia para dia, tornando-a mais vulnerável com o aumento das alterações globais e dos fenómenos extremos frequentes (Tunner, 2003). No contexto das alterações climáticas, O'Brian *et al.* (2004) classificam a vulnerabilidade como uma interpretação da vulnerabilidade do 'ponto final' e do 'ponto de partida'.

O Terceiro Relatório de Avaliação do PIAC (TAR) define a avaliação do impacte, da vulnerabilidade e da adaptação às alterações climáticas como a prática de identificar e avaliar as consequências prejudiciais e benéficas das alterações climáticas nos sistemas naturais e humanos, bem como de identificar e avaliar as opções de adaptação às alterações climáticas. Watson *et al.* (1998) argumenta que a vulnerabilidade de uma região depende em grande medida da sua riqueza e que a pobreza limita as capacidades de adaptação.

No contexto do Nepal, foram efectuados alguns estudos sobre a avaliação da vulnerabilidade e do risco de catástrofes naturais, a maioria dos quais se baseia nas informações disponíveis sobre o passado, sem as alterações climáticas ou apenas em certa medida, e no potencial risco futuro de catástrofes relacionadas com as alterações climáticas. Alguns deles são (Dhital, Khanal e Thapa, 1993), (Mool, Bajarachyra e Joshi 2001), (Khanal 2005), (ICIMOD 2007). Embora o Nepal seja responsável por apenas cerca de 0,025% do total anual de emissões de gases com efeito de estufa do mundo (Karkai, 2007), está a sentir as tendências crescentes e os efeitos associados do aquecimento global.

O grau de vulnerabilidade dos meios de subsistência dependerá da disponibilidade e acessibilidade dos factores (Smit e Wandel, 2006). Regmi *et al.* (2008) afirmam que as pessoas pobres e marginalizadas são mais vulneráveis ao impacto das alterações climáticas, uma vez que dependem fortemente dos recursos naturais e não têm acesso à tecnologia, à informação e às infra-estruturas. Mirza (2003) estudou a vulnerabilidade das comunidades às inundações no Bangladesh e concluiu que a vulnerabilidade aos riscos climáticos extremos aumenta devido ao desemprego, à elevada densidade populacional, ao analfabetismo, à pobreza generalizada, à enorme pressão sobre as terras rurais e à economia dominada pela agricultura.

2.10 Adaptação às alterações climáticas

A adaptação refere-se ao resultado de uma série de acções empreendidas a diferentes escalas espaciais para fazer face ou ajustar-se a um determinado novo ambiente criado devido a stress, riscos ou oportunidades (Smit e Wandel, 2006). As práticas de adaptação variam consoante a escala espacial e temporal, a natureza do sector, os actores envolvidos, as acções, a zona climática, a base socioeconómica ou a combinação destes factores e outros (Yohe e Tol, 2002).

A Quarta Avaliação do Painel Intergovernamental sobre as Alterações Climáticas (PIAC), por exemplo, definiu a adaptação como "iniciativas e medidas destinadas a reduzir a vulnerabilidade dos sistemas naturais e humanos face aos efeitos reais ou esperados das alterações climáticas" (PIAC, 2007a) e como "ajustamento nos sistemas naturais ou humanos em resposta a estímulos climáticos reais ou esperados ou aos seus efeitos, que moderem os danos ou explorem oportunidades benéficas" (PIAC, 2007b). O recente relatório especial do PIAC sobre fenómenos extremos (PIAC, 2012) define adaptação como:

"Nos sistemas humanos, o processo de adaptação ao clima atual ou previsto e aos seus efeitos, a fim de moderar os danos ou explorar oportunidades benéficas. Nos sistemas naturais, o processo de adaptação ao clima atual e aos seus efeitos; a intervenção humana pode facilitar a adaptação ao clima previsto".

A capacidade de adaptação aos riscos e stresses climáticos depende da riqueza, dos recursos e da governação do país (Kates, 2000). A adaptação implica ajustamentos para aumentar a viabilidade das actividades sociais e económicas e reduzir a sua vulnerabilidade ao clima, incluindo a sua variabilidade atual e os fenómenos extremos, bem como as alterações climáticas a longo prazo. A adaptação pode ser espontânea ou planeada e pode ser levada a cabo em resposta ou em antecipação de alterações nas condições (Watson *et al.,* 1998). Além disso, argumenta-se que os sistemas humanos e naturais se adaptarão, até certo ponto, de forma autónoma e que a adaptação planeada pode complementar a adaptação autónoma. No entanto, "as opções e os incentivos são maiores para a adaptação dos sistemas humanos do que para a adaptação destinada a proteger os sistemas naturais" (IPCC 2001).

Os programas e políticas de adaptação devem ser concebidos de forma a abordarem questões intersectoriais de alívio da pobreza, conservação da biodiversidade e dos serviços ecossistémicos, redução da degradação das terras e da erosão dos solos e aumento da segurança alimentar, permitindo alcançar um desenvolvimento sustentável a várias escalas (FAO, 2008). A abordagem de avaliação da adaptação da base para o topo envolve as partes interessadas locais na análise da atual vulnerabilidade à variabilidade e aos extremos climáticos e das actuais medidas e políticas de adaptação (Alast *et al.*, 2008).

2.13 Análise das partes interessadas

Varvasovszky e Brugha, 2000, utilizaram a análise das partes interessadas como uma ferramenta ou um conjunto de ferramentas para gerar conhecimentos sobre os actores - indivíduos e organizações - para avaliar a influência e os recursos de que dispõem nos processos de tomada de decisões ou de implementação. Brown *et al.* (2001) utilizaram-na para recolher informação sobre classes ou indivíduos que são afectados pelas decisões, categorizando essa informação e explicando os possíveis conflitos entre os actores.

Capítulo 3

3 MATERIAIS E MÉTODOS

3.1 Quadro metodológico

A metodologia de investigação consiste nos procedimentos envolvidos na seleção dos locais de investigação, na preparação da base de amostragem, na conceção da amostra, nas fontes de informação, nas técnicas de recolha de dados, na análise dos dados e na sua interpretação, tal como ilustrado na figura abaixo.

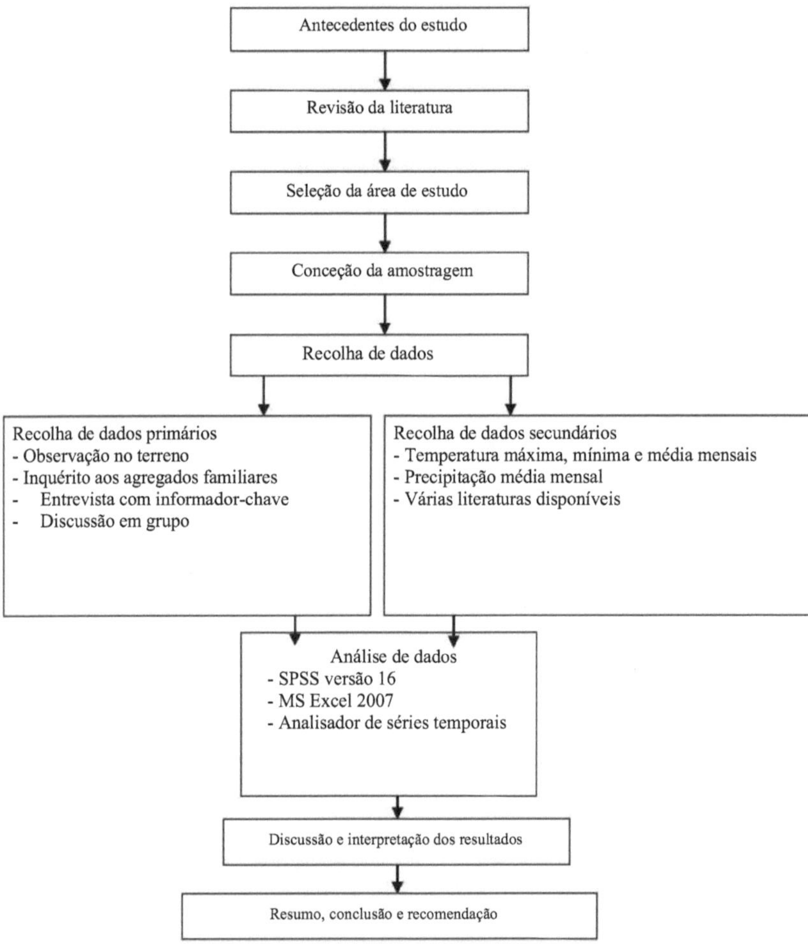

Figura 1. Fluxograma metodológico do estudo

3.2 Descrição da zona de estudo

Um sítio Ramsar espalhado por uma área de 3200 hectares, o Lago Bishajari e o sistema paisagístico circundante com latitude 27,621 ° N a 27,614 ° N e longitude 84,4383 ° E a 84,4385 ° E, e altitude média de 28m acima do nível do mar está situado no Corredor Florestal Barandabhar (Jha, 2007 e CGIAR/CIAT, 2013). Situa-se a 7,2 km a sul da autoestrada Este-Oeste, seguindo o canal Khageri, no distrito de Chitwan, no centro do Nepal, nos municípios de Bharatpur e Ratnanagar, Gitanagar e Bachauli VDCs. O lago Bishajari é uma zona húmida florestal com uma projeção em forma de dedo com uma série de lagos, prados, pântanos e pântanos associados e é um sistema típico de lago oxbow onde estão presentes dois tipos de zonas húmidas lacustres (lago oxbow) e palustres (pântanos).

3.3 Clima e solo

A área tem um clima tropical de monção com uma humidade relativamente elevada. O lago Bishajari e as zonas húmidas associadas situam-se no fundo da cordilheira Mahabharata, onde a monção começa em meados de junho e continua até finais de setembro. Mais de 75% da precipitação anual ocorre durante a monção, de junho a setembro, com uma precipitação média anual de 2000 mm (Pariyar & Singh, 1994) e as temperaturas máximas e mínimas anuais registadas são de 38^0 C e 6^0 C, respetivamente. A área possui uma deposição aluvial que torna todo o vale altamente adequado para o cultivo.

3.4 Caraterísticas ecológicas

A área do lago Bishajari situa-se no domínio biogeográfico Indo-Malaio. Caracteriza-se pela ocorrência de floresta de Sal (*Shorea robusta*) em redor da área do lago. O principal tipo de habitat inclui: a) lago de água doce b) pântano lacustre e c) pântano lacustre. Os tipos de vegetação incluem: a) vegetação aquática flutuante dominada por jacintos de água e castanheiros de água; b) vegetação submersa dominada por Hydrilla; c) vegetação de sapal dominada por *Ipomea carnea* ssp. *fistulosa* e d) floresta de sal.

A vegetação das zonas húmidas é constituída por junça (*Cyperus* spp.), junco comum (*Phargmites karka*), glória-da-manhã (*Ipomea carnea* ssp. *fistulosa*) e Mikania (*Mikania micrantha*) (Jha, 2007). A vegetação aquática é representada por uma extensa cobertura de espécies com folhas flutuantes, principalmente jacinto de água (*Eichhornia crassipes*), castanha de água (*Trapa bispinosa*) seguida de prímula (*Ludwigia adscendens*). As espécies flutuantes incluem a *Azolla imbricata* (*Azolla imbricata*) e a Lentilha d'água (*Lemna* spp.). As espécies submersas abundantes incluem o Hornwort (*Ceratophyllum demersum*), a Hydrilla (*Hydrilla verticillata*) e a Ninfa d'água (*Najas minor*). Em geral, a vegetação encontra-se numa fase de sucessão de folhas flutuantes. As cinco principais espécies de árvores encontradas na floresta de Barandabhar são Shorea *robusta, Terminalia alata, Cleistocalyx operculatus, Semecarpus anacardium* eFicus *reliogiosa*. Além disso, os arbustos dominantes são *Clerodendrum viscosum, Flemingia strobilifera, Swida oblonga* e *Xeromphis spinosa* (Dangol e Maharjan, 2012).

Foram descritas cento e oitenta e cinco espécies de peixes do Nepal (BPP, 1995), das quais 17 espécies foram registadas em Bishajari. Ecologicamente, a albufeira de Bishajari é um leito de água eutrófico. Esta zona alberga o maior número de crocodilos-do-pântano fora da área protegida central. A população está estimada em cerca de 15 a 20 indivíduos (BPP, 1995). Também alberga uma pequena população de pitão-da-rocha e várias espécies de tartarugas. A cobra-de-água e a cobra-rato são comuns e constituem a fonte de alimentação da águia-serpente-de-crista residente.

Foi registado um total de 273 espécies de aves pertencentes a 61 famílias no lago Bishajari e na zona húmida associada, das quais 60 espécies dependem das zonas húmidas (BPP, 1995). Atualmente, esta floresta alberga um pequeno número de tigres-de-bengala reais e alguns leopardos-pintados residentes. As zonas húmidas e a floresta albergam uma pequena população de rinocerontes de um só chifre. Os veados-malhados são encontrados em manadas com mais de cem indivíduos numa única manada. Há também uma pequena população de ursos-preguiça a residir na floresta. A lontra de pelo liso e o gato pescador são importantes carnívoros de pequeno porte dependentes de zonas húmidas que residem nesta zona húmida

3.5 População estudada, dimensão da amostra e técnicas de amostragem

Os agricultores que residem em torno do lago Bishajari e da zona húmida associada, principalmente em torno do Grupo de Utilizadores Florestais Comunitários Bandevi Barandabhar, foram a população-alvo do estudo. Durante a seleção dos inquiridos, foram selecionados, na sua maioria, agricultores com mais de 35 anos de idade e foram incluídos na amostra aqueles que tinham pelo menos 10 anos de experiência neste local, uma vez que fornecem informações valiosas e úteis sobre a experiência das alterações climáticas. Foi dada uma atenção especial à seleção da amostra e à inclusão de diferentes categorias. No total, foram selecionados 110 inquiridos através da aplicação do método de amostragem aleatória simples. O estudo foi realizado entre junho e agosto de 2012.

3.6 Métodos de recolha de dados

Foram utilizadas várias fontes e técnicas para a recolha das informações necessárias. Neste estudo, foram recolhidas e analisadas fontes de dados primárias e secundárias.

3.6.1 Fontes de dados

As comunidades locais e os agricultores pobres em recursos com uma longa experiência de adaptação autónoma da zona de estudo foram a principal fonte de informação. Foram utilizados no terreno questionários estruturados e semi-estruturados, discussões em grupos de reflexão, observação direta e entrevistas a informadores-chave.

A informação secundária foi recolhida de várias fontes autorizadas e fiáveis, incluindo dados meteorológicos do Departamento de Hidrologia e Meteorologia (DHM), outras fontes possíveis e através de revisão da literatura. Os líderes políticos locais, as agências de trabalho e o governo local foram também a fonte de informação primária.

3.6.2 Técnicas de recolha de dados

Foi preparado um programa de entrevistas para recolher informações primárias dos habitantes locais que residem na localidade. Foram realizadas visitas de campo pré-inquérito para preparar a lista de verificação, de modo a reunir informações preliminares sobre as configurações demográficas, sócio-económicas-culturais, topográficas, valor de uso e serviços de zonas húmidas, dependência de zonas húmidas, cenário de zonas húmidas, alterações climáticas e perceção em relação à condição de serviços ecossistémicos em clima alterado do local. Esta informação foi utilizada na preparação de questionários e na conceção de um quadro de amostragem com a consulta de peritos. Para identificar as unidades de paisagem, foram utilizados mapas recentes de utilização dos solos, mapas topográficos da região e observação no terreno.

3.6.3 Pré-teste

O pré-teste do programa de entrevistas foi efectuado através da administração do programa de entrevistas concebido a 5% dos agricultores da área circundante. Os questionários finais foram preparados tendo em devida consideração as sugestões obtidas durante o pré-teste. **3.6.4 Análise das partes interessadas**

O método de análise das partes interessadas foi usado porque inclui todas as formas de envolvimento no processo de avaliação integrada. No início do processo, as principais partes interessadas foram identificadas como é importante em todas as etapas da avaliação, para identificar os principais serviços relevantes, valorização de bens e serviços e tomada de decisão no planeamento e gestão dos ecossistemas como prescrito por De Groot *et al.* (2006). Nesta tese, as principais partes interessadas estão envolvidas na identificação dos serviços ecossistémicos do Lago Bishajari e da zona húmida associada através de inquéritos domiciliários estruturados, inquéritos turísticos, reuniões comunitárias, entrevistas a informadores-chave e consulta de peritos.

3.6.5 Inquérito por questionário às famílias

O programa de entrevista pré-testado (questionário) foi administrado ao inquirido para recolher os dados primários. A informação aprofundada sobre os vários aspectos das alterações climáticas e o seu efeito sobre os serviços ecossistémicos foi recolhida através de entrevistas presenciais. O estudo foi realizado na área circundante do Lago Bishajari e do sistema de zonas húmidas associado, com base no raciocínio de que as comunidades locais que residem nessas freguesias são as que coexistem com as zonas húmidas a maior parte do tempo. Por agregado familiar entende-se um grupo de pessoas que vivem juntas e identificam a autoridade de uma pessoa, o chefe do agregado familiar, que é também o decisor.

Foram utilizados questionários abertos e fechados para entrevistar 110 chefes de família (na medida do possível) que foram selecionados aleatoriamente. Foram recolhidos dados sobre aspectos como caraterísticas demográficas, questões socioeconómicas como educação e fonte de rendimento, serviços de ecossistema derivados das zonas húmidas, condição dos serviços e perceção em relação às alterações climáticas, etc. A área selecionada para as entrevistas foi a área adjacente ao sítio Ramsar. A unidade de amostra de um estudo foi um agregado familiar. O formato do questionário do agregado familiar é apresentado no Anexo 2.

3.6.6 Discussões em grupo

Foram realizadas discussões de grupos focais em datas e locais diferentes com: duas pessoas da comunidade, uma autoridade de gestão do grupo de utilizadores florestais da comunidade dentro e à volta do sistema de zonas húmidas. O objetivo das discussões era recolher dados quantitativos e qualitativos sobre os produtos das zonas húmidas extraídos, o envolvimento das partes interessadas, a perceção em relação às alterações climáticas e outras informações pormenorizadas necessárias para este trabalho de tese. A lista de controlo utilizada para a discussão em grupo é apresentada no Anexo 3.

3.6.7 Entrevista com informadores-chave

Foram também realizadas entrevistas com informadores chave para recolher informação sobre os tipos de utilização dos recursos, conservação tradicional das zonas húmidas, envolvimento na gestão das zonas húmidas, valor das zonas húmidas e impactos das alterações climáticas. A lista de controlo utilizada é apresentada no Anexo 4.

Comecei com a população local das aldeias, passando depois para o segundo grupo e, finalmente, para o pessoal do governo. A razão para tal foi evitar sobrecarregar a investigação com dados provenientes apenas do governo, que poderiam ser muito inconsistentes com os obtidos junto da população local, uma vez que, na maioria dos casos, as autoridades governamentais afirmam ter bons planos de gestão; no entanto, nem sempre é esse o caso, uma vez que nem todos os planos são implementados e os que o são não melhoram necessariamente os meios de subsistência das pessoas. Por conseguinte, procurei contactar primeiro as pessoas locais para me informar sobre a realidade da situação e, em seguida, contactei o pessoal do governo para poder fazer uma análise válida do problema.

3.6.8 Observações do investigador

As observações foram feitas e registadas nas instalações do lago, nas fontes comunitárias e nas paisagens em redor da zona húmida. As observações também foram feitas caminhando sistematicamente com informadores e líderes locais através das aldeias enquanto observavam, perguntavam, procuravam problemas e soluções. As observações diretas da situação das zonas húmidas também constituíram uma parte substancial do processo de recolha de dados. O objetivo era fazer corresponder a informação sobre a situação das zonas húmidas obtida a partir de documentos de investigação e entrevistas, com a situação real.

A combinação das perspectivas de três técnicas diferentes de recolha de dados, nomeadamente, a revisão da literatura, as entrevistas categorizadas e as observações diretas, significou que existe uma concordância lógica da validade e genuinidade dos dados utilizados em toda a análise do problema de investigação.

3.6.9 Recolha de dados secundários

A pesquisa bibliográfica foi efectuada através da análise de documentos políticos, relatórios, dissertações/teses de estudantes e planos de desenvolvimento com informações relevantes para a gestão e conservação do Sítio Ramsar do lago Bishajari. Foram obtidas informações do Departamento Central de Botânica, Kirtipur; do Programa Nacional de Investigação do Milho, Rampur; do Departamento de Hidrologia e Meterologia, Babarmahal. Foi também efectuada uma pesquisa na Internet, visitando sítios Web geridos por organizações internacionais de conservação, tais como: Ramsar Sites Information Services, gerido por wetlands international, Birdlife International e Wildlife Conservation Society, entre outros. A informação foi obtida sob a forma de mapas, fichas de informação sobre zonas húmidas, relatórios e formato eletrónico.

3.6.10 Validade e aplicabilidade dos dados

Embora este estudo se baseie geralmente na informação do Lago Bishajari e da zona húmida associada como um estudo de caso único, os dados foram recolhidos para além dos limites do caso. Esta informação inclui a obtida de investigadores e funcionários do governo que trabalham fora da área de estudo de caso, tais como gabinetes e departamentos governamentais.

Para garantir que a validade dos dados é alcançada e mantida, foram organizados todos os pontos-chave numa folha separada e procurada informação relevante para cada ponto utilizando literatura, entrevistas e observações. Por fim, todas as fichas foram avaliadas e analisadas para determinar a sua coerência e aplicabilidade.

3.7 Métodos e técnicas de análise de dados

Os dados codificados foram analisados estatisticamente com recurso a um programa informático denominado Statistical Package for Social Sciences (SPSS versão 16). Foram utilizados métodos descritivos e analíticos para analisar os dados.

As informações qualitativas obtidas durante o inquérito no terreno, como o aumento da temperatura no verão e no inverno, o início e a frequência da precipitação e outros parâmetros semelhantes, foram analisadas e expressas qualitativamente.

Os dados quantitativos foram analisados com recurso a estatísticas descritivas e analíticas. As caraterísticas socioeconómicas e agrícolas dos inquiridos foram descritas através de estatísticas descritivas simples. A perceção dos agricultores sobre a mudança das variáveis climáticas ao longo do tempo foi estudada através de estimativas de frequência, percentagem, gráficos e diagramas. A tendência da precipitação e da temperatura foi analisada utilizando o Microsoft Excel e o analisador de séries temporais.

Capítulo 4

4 RESULTADOS E DISCUSSÃO

4.1 Informações gerais sobre os inquiridos

4.1.1 Caraterísticas demográficas

A Tabela 4 revela que, entre os 110 inquiridos selecionados aleatoriamente, a maioria tinha mais de 35 anos. 21 inquiridos (19,09%) tinham menos de 35 anos, 84 inquiridos (76,37%) tinham entre 35 e 55 anos e 5 (4,54%) tinham mais de 55 anos.

Tabela 3. Categoria de idade dos inquiridos na área de estudo

Categoria de idade	Número de inquiridos	Percentagem
<35 anos	21	19.09%
35-55 anos	84	76.37%
>55 anos	5	4.54%

A dimensão média da família era de 5,14, variando entre um mínimo de 3 e um máximo de 8, sendo o desvio-padrão de 1,17, com 110 o número total de inquiridos. Entre os inquiridos, 39 inquiridos (35,5%) eram do sexo feminino e 71 inquiridos (65,5%) do sexo masculino. No entanto, de acordo com a CBS, 2011, a dimensão média do agregado familiar diminuiu de 5,44 em 2001 para 4,88 em 2011 a nível nacional.

4.1.2 Educação dos inquiridos

A maioria dos inquiridos, 42 (38,2%), era apenas alfabetizada, seguindo-se 39 (35,5%) com o ensino secundário, 15 inquiridos (13,6%) com o ensino primário, 13 inquiridos (11,8%) com o ensino secundário e apenas 1 (0,9%) inquirido era analfabeto.

Tabela 4. Nível de instrução dos inquiridos na área de estudo

Nível de escolaridade	Número de inquiridos	Percentagem
Analfabeto	1	0.9%
Alfabetizado	42	38.2%
Primário	15	13.6%
Secundário	39	35.2%
Mais alto	13	11.8%

4.1.3 Caraterísticas socioeconómicas

A maioria dos inquiridos eram migrantes. Quase todas as famílias têm a sua própria terra. Cerca de 97% das pessoas têm, em média, 0,77 hectares de terra, o que é menos do que a média nacional, ou seja, 0,79 hectares, enquanto 3% têm apenas 0,038 hectares (1kattha) de terra.

Nenhum dos agregados familiares foi visto a criar gado como uma ocupação principal; no entanto, a maioria das casas tem alguns animais criados para uso doméstico do que para a geração de rendimentos. Pequenas quantidades de aves e porcos são vendidas no mercado, mas na maioria das vezes são consumidas em casa para celebrar festivais ou para oferecer ao seu deus durante cerimónias religiosas.

A agricultura é a principal ocupação da família. As principais culturas são o arroz, o trigo e o milho. Os produtos hortícolas incluem abóbora, feijão, alho, cabaça, repolho, couve-flor, tomate, couve-galega, cebola, malagueta, rabanete, etc.

4.1.4 Diversidade de rendimentos

Apesar de a maioria dos inquiridos ser agricultor, a escassez desenfreada de alimentos obrigou-os a ter outros empregos e salários. Outras fontes de rendimento incluem o ensino, contratos, negócios e lojas, etc. Sessenta e nove inquiridos (62,72%) têm a agricultura como principal fonte de rendimento, enquanto 12 (10,9%) dependem de negócios, 16 (14,54%) de serviços e 4 (3,63%) trabalham como guardas florestais ou são proprietários de mercearias ou estão envolvidos no ensino e apenas um inquirido (0,9%) era carpinteiro, o que também é mostrado no Quadro 6 abaixo.

Quadro 5. Diversidade de rendimentos dos inquiridos na área de estudo 2012/13

Diversidade de rendimentos	Número de inquiridos	Percentagem
Agricultura	69	62.72%
Negócios	12	10.9%
Serviço	16	14.54%
Guarda florestal	4	3.63%
Mercearia	4	3.63%
Professor	4	3.63%
Carpinteiro	1	0.9%

4.2 Serviços ecossistémicos no lago Bishajari e na zona húmida associada

Foram identificados diferentes serviços ecossistémicos na área de estudo, que variaram entre serviços de aprovisionamento, serviços de regulação, serviços de apoio e serviços culturais, como mostra a tabela abaixo.

4.2.1 Serviços de aprovisionamento

Na área de estudo, os serviços de aprovisionamento identificados estão agrupados em: alimentos, água doce, matérias-primas e recursos medicinais, que são apresentados no quadro 6. Os serviços das paisagens das terras agrícolas e das herdades são derivados das mudanças no uso da terra por interferência humana; caso contrário, ambos faziam parte do ecossistema das zonas húmidas. No ecossistema das zonas húmidas não foi dada especial atenção aos alimentos selvagens como principal fonte de alimentação para os habitantes locais, no entanto, a gestão obtém uma quantidade razoável de rendimentos através de contratos de pesca concedidos ao sector privado. O rendimento do Grupo de Utilizadores Florestais Comunitários de Barandabhar proveniente do ecossistema das zonas húmidas é apresentado no Anexo 6.

Tabela 6. Mostrando os serviços ecossistémicos identificados na área de estudo

Serviços	Serviços prestados pelas zonas húmidas

Serviços de aprovisionamento	Alimentação Matérias-primas Forragem para animais Recursos medicinais	Colheita de alimentos selvagens, tais como peixes, frutos, tartarugas, caracóis, caranguejos, legumes selvagens Recolha de madeira para construção, ferramentas agrícolas e madeira para fabrico de mobiliário doméstico, madeira para combustível e carvão vegetal de árvores Saj, *Ficus*, Sal, etc., erva de colmo Pastagens e ervas, folhas e frutos de árvores Drogas e produtos farmacêuticos: plantas medicinais, arbustos e ervas e respectivos extractos
Regulamentação dos serviços	Regulação climática Regulação da água Controlo da erosão	O coberto vegetal intervém na evapotranspiração para regular o microclima, como a temperatura, a precipitação A floresta da zona húmida do lago Bishajari regula o escoamento superficial e a descarga do rio, a recarga das águas subterrâneas Papel da floresta na retenção dos solos ;cobertura vegetal para evitar a erosão eólica, dos lençóis e das ravinas
Serviços de apoio	Viveiro Refúgio	Local de crescimento das árvores Sal, Saj Harro, habitat de reprodução adequado para peixes, caracóis, caranguejos e muitas aves Habitat para organismos aquáticos; Fitoplâncton e Zooplâncton; habitat para plantas selvagens; casa para as aves residentes; habitat para aves transitórias; casa para mamíferos
Culturais serviços	Espírito recreativo Investigação e educação	Oportunidades de turismo e actividades recreativas Crenças tradicionais, significado religioso Área de estudo para a comunidade científica, oportunidades de educação e formação formal e informal

* O quadro de trabalho da Avaliação Ecossistémica do Milénio (2005) é seguido

** A caça era uma atividade comum da população local do parque em tempos anteriores, mas agora não há caça devido ao Parque Nacional de Chitwan

4.2.1.1 Peixes

Foram documentadas cerca de 12 variedades diferentes de peixes na área. O nome comum ou local dos peixes com o seu nome científico e família são apresentados na tabela abaixo.

Tabela 7. Mostrando os peixes disponíveis na zona húmida do lago Bishajari

Comum nome/denominação local	Nome científico	Família
Carpa herbívora	*Ctenopharyngodon idella* (Cuvier & Valenciennes, 1844)	Cyprinidae
Carpa cabeçuda	*Aristichthys nobilis* (J. Richardson, 1845)	Cyprinidae
Carpa prateada	*Hypophthalmichthys molitrix* (Valenciennes, 1844)	Cyprinidae
Rohu	*Labeo rohita* F. Hamilton, 1822	Cyprinidae
Jhinge	*Macrobrachium rosenbergii* De Man, 1879	Palaemonídeos
Sori/ Saura	*Channa striata* (Bloch, 1793)	Channidae
Sidre	*Puntius sophore* (F. Hamilton, 1822)	Cyprinidae
Bam	*Anguilla bengalensis*(J. E. Gray, 1831)	Anguillidae
Voti	*Channa orientalis* Bloch & J. G. Schneider	Channidae
Mangur	*Clarias batrachus* (Linnaeus, 1758)	Clarídeos
Singhe	*Heteropneustes fossilis* (Bloch, 1794)	Heteropneustidae
Hile	*Channa stewartii* (F. Hamilton, 1822)	Channidae

* As carpas são mantidas em pescarias contratuais em zonas húmidas associadas

4.2.1.2 Frutos

A zona húmida também provou estar a fornecer grandes espécies de árvores de fruto às pessoas que residem na zona. O nome dos frutos documentados é apresentado no quadro seguinte.

Nome comum/nome local	Nome científico	Nome de família	Partes de plantas utilizadas
Dahidhula	*Callicarpa macrophylla* Vahl.	Verbenáceas	Frutos
Manga/amp	*Mangifera indica* L.	Anacardiaceae	Frutos
Badra	*Cleistocalyx operculatus* (Roxb.) Merr. & Perry	Myrtaceae	Frutos
Boromi	*Cucumis melo var. agrestis* Naud.	Cucurbitáceas	Frutos
Kathayo	*Ficus hispida* L.	Moráceas	Frutos
Khurhur	*Ficus semicordata* Buch.-Ham. ex J. E. Smith	Moráceas	Frutos
Bilauri thesa	*Melothria heterophylla* (Lour.) Cogn.	Cucurbitáceas	Frutos
Nun dhiki	*Phyllanthus glaucas* Wall. ex Muell.-Arg.	Euphorbiaceae	Frutos
Fotangi	*Physalis divaricata* D. Don.	Solanáceas	Frutos
Kawai	*Solanum nigrum* L.	Solanáceas	Frutos

Jamun	*Sygyzium cumini* (L.) Skeels	Myrataceae	Frutos
Bayer	*Zizyphus nummularia* (N. Burm.) Wt. & Arn.	Rhamnaceae	Frutos
Dawanra	*Zizyphus rugosa* Lam.	Rhamnaceae	Frutos
Kyamun	*Cleistocalyx operculatus* (Roxb.) Merr.		
Arqueal	*Aporusa octandra* (Buch.-Ham. ex D. Don)	Euphorbiaceae	Frutos
Harro	*Terminalia chebula* Retz.	Combretáceas	Frutos
Barro	*Terminalia bellirica* (Gaertn.) Roxb.	Combretáceas	Frutos
Pinha	*Ananas comosus* (L.) Merr.	Bromeliaceae	Carne

Dangol, 2002, documentou 26 frutos silvestres comestíveis diferentes encontrados em Chitwan ocidental. Com exceção da *Phoenix humilis,* todos foram obtidos a partir de plantas dicotiledóneas.

4.2.1.3 Matérias-primas

O ecossistema das zonas húmidas do lago Bishajari, com as suas paisagens associadas, também fornece matérias-primas aos residentes locais. A lista de treze espécies diferentes de madeira documentadas é apresentada a seguir:

Tabela 9. Espécies de madeira presentes no lago Bishajari e na zona húmida associada

S.N.	Nome local	Nome Botânico
1	Sal	*Shorea robusta* Roth
2	Sisoo	*Dalbergia sisoo* Roxb.

3	Simal	*Bombax ceiba* L.
4	Jamun	*Syzygium cumini* (L.) Skeels.
5	Bakaina	*Melia azedarach* L.
6	Saj	*Terminalia alata* Heyne ex Roth
7	Sajan	*Ougeinia ozgeninsis* (Roxb.) Hochr.
8	Proibições	*Bambosa spp* (L.) Voss
9	Khayar	*Acacia catechu* (L.) Willd., Oliv.
10	Badahar	*Artocarpus lakoocha* Buch.-Ham.
11	Katahar	*Artocarpus heterophyllus* Lam.
12	Satisal	*Dalbergia latifolia* Roxb.
13	Kyamun	*Cleistocalyx operculatus* (Roxb.) Merr.

4.2.1.4 Forragem

O ecossistema das zonas húmidas do lago Bishajari é também uma das principais fontes de forragem. Foram documentadas dezasseis espécies forrageiras na zona húmida, que são apresentadas a seguir:

Tabela 10. Lista de forragens disponíveis em torno do lago Bishajari e da zona húmida associada

S.N.	Nome local	Nome Botânico
1	Bakaino	*Melia azedarach* L.
2	Epil -epil	*Leucaena lucocephala* (Lam.) de Wit
3	Katahar	*Artocarpus heterophyllus* Lam.
4	Anp	*Mangifera indica L.*

5	Badahar	*Artocarpus lakoocha* Buch.-Ham.
6	Simal	*Bombax ceiba* L.
7	Gulari	*Ficus recemosa* L.
8	Kaphal	*Myrica esculenta* L.
9	Bar	*Ficus bengalensis* L.
10	Pipal	*Ficus religiosa* L.
11	Asna	*Terminalia alata* Heyne ex Roth
12	Mothaya	*Deerigia celosioides* R. Br.
13	Amaro	*Spondias pinnata* L.
14	Karauti	*Leersia hexandra* Swartz.
15	Ghodedubo	*Hemarthria compressa* (L.f.) R.Br.
16	Jamun	*Syzygium cumini* (L.) Skeels.

Trinta e três espécies de leguminosas, 19 espécies de gramíneas e 59 outras são utilizadas como forragens e forragens. As florestas são mais frequentemente utilizadas para o pastoreio de animais (como na floresta de Tikauli), o corte de gramíneas para alimentação de estábulos e outros fins foram também documentados por Dangol, 2002, em Chitwan Ocidental.

4.2.1.5 Legumes

O lago Bishajari e a zona húmida associada continuam a ser o armazém de um grande número de vegetais selvagens, como se pode ver no quadro 11 abaixo.

Quadro 11. Lista de legumes selvagens disponíveis em torno do lago Bishajari e da zona húmida associada

Nome comum	Nome científico	Nome de família	Peças utilizadas
Ander	*Ricinus communis* L.	Euphorbiaceae	Flores
Asuro	*Adhatoda vasica* Nees.	Acantáceas	Flores

Badi bihi	*Solanum torvum* L.	Solanáceas	Frutos
Ban Karaili	*Momordica charatia* L.	Cucurbitáceas	Frutos
Bethuwa	*Chenopodium album* L.	Chenopodiaceae	Peças do camião
Charhenti	*Solanum surattens* L.	Solanáceas	Frutos
Chyau Gogdo	*Amaranthus viridis* L.	Amaranthaceae	Peças do camião
Inclinação da lança	*Ophioglossum vulgatum* L.	Ophioglossaceae	Planta inteira
Kataiya	*Amaranthus spinosus* L.	Amaranthaceae	Peças do camião
Kawai	*Solanum nigrum* L.	Solanáceas	Peças do camião
Khonta	*Espargo racemoso* Willd.	Liliaceae	Rebentos jovens
Larkaiya	*Costus speciosus* (Koen. ex	Zingiberaceae	e raízes Rebentos jovens
Maryo Nakuri	Retx.) Smith. *Oenanthe javanica* DC.	Apiaceae	Planta inteira
Niuro	*Diplanzium esculentum* (Retz.)	Aspleniaceae	Rebentos jovens
Phute jhangi	Sw *Corchorus aestuans* L.	Tiliaceae	Peças do camião
Sim sag	*Nasturtium officinale* R. Br.	Brassicaceae	Folhas

Sisnu	*Urtica dioica* L.	Urticáceas	Peças do camião
Tantari	*Dillenia pentagyna* Roxb.	Dilleniaceae	Frutos
Valayo	*Semicarpus anacardium* L. f.	Anacardiaceae	Pétalas
Vutkomalia	*Solanum aculeatissium* Jacq.	Solanáceas	Frutos

Dangol, 2002, documentou que 26 espécies selvagens são utilizadas como legumes, sobretudo em alturas de escassez, sendo colhidas em zonas húmidas ou florestas. Algumas, como o *Neuro*, são também vendidas em mercados urbanos e rurais.

4.2.1.6 Plantas medicinais

As plantas medicinais tradicionais são utilizadas pelas comunidades locais com as suas diferentes partes colhidas na zona húmida de Bishajari. As plantas medicinais localmente úteis mais comuns identificadas na área de estudo estão listadas abaixo.

Tabela 12. Lista de forragens disponíveis em torno do lago Bishajari e da zona húmida associada

Plantas utilizadas para combater o golpe de calor

Nome comum	Nome científico	Peças utilizadas
Ghod tapre	*Centella asiatica* (L.) Urban	Partes inteiras
Chiniya jhar	*Scoparia dulcis* L.	Folhas, raízes
Vwi katahar	*Ananas comosus* (L.) Merr	Raiz
Misri+ marich	*Piper nigrum* L.	Pó
Gineri saag	*Amaranthus spinosus* L.	Raiz
Bayar	*Zizyphus mauritiana/nummularia* Lam.	Raiz
Khorsani	*Capsicum frutescens* L.	Raiz
Asuro	*Adhatoda vasica* L.	Flores

Plantas utilizadas para aliviar a constipação comum

Nome comum	Nome científicoPartes	utilizadas	Observações
Pipar	*Piper longum* L.	Extrato da planta inteira Bruto	
Bojho	*Acorus calamus* L.	Rizoma	Bruto
Açafrão-da-terra	*Curcuma longa* Linnaeus Rizoma		Assado
Batata	*Solanum tuberosum* L.	Tubérculo	Assado

Plantas utilizadas para tratar as dores articulares

Nome comum	Nome científico	Peças utilizadas
Bathuwa	*Chenopodium album* L.	Sementes
Gathebon	*Ocimum basilicum* L.	Raízes
Dhaturo	*Datura metel* L.	Sementes e raízes
Teve jorni	*Equisetum debile* Roxb.	vinhas
Simrina crua		Pó

Plantas utilizadas para outras doenças

Nome comum	Nome científico	Peças utilizadas	Doença
Banmara	*Eupatorium odoratum* (L.) King & H.E. Robins	Folha	Hemorragia

Bokebon	*Ageratum haustanianum* L.	Folha	Hemorragia
Raini	*Mallotus philippensis* (Lam.) Muell. Arg.	Sumo de casca de árvore	Diarreia
Rani dubi	*Euphorbia hirta* L.	Sumo de folhas	Diarreia
Amba	*Psidium guajava* L.	Sumo da casca e das folhas	Diarreia
Chariamili	*Oxalis corniculata* L.	Folha	Diarreia
Mewa	*Carica papaya* L.	Fruta	Icterícia
Bhindi	*Abelmoschus esculentus* (L.) Moench	Fruta	Icterícia
Anko/Madar	*Calotropis gigantea* (L.) W.T. Aiton	Folha/raiz	Menstrual desordem
Ranibhalayo Daheri	*Semecarpus anacardium* L.f.	Fruta Casca	Cortes/feridas Gástrico
Titepati	*Artemesia indica* L.	Folhas	Sarna
Gurjo	*Tinospora cordifolia* (Thunb.) Miers	Sementes	Dores de estômago
Barro	*Terminalia bellirica* (Gaertn.) Roxb.	Casca/ fruto	Gástrico

De acordo com Dangol (2002), os recursos de Chitwan Ocidental fornecem uma série de recursos vegetais medicinais utilizados para combater diferentes problemas de saúde humana e animal. As plantas, no seu todo ou nas suas partes, sob a forma de sumo, decocção, cinzas ou infusão, são prescritas para uso externo ou interno.

Fontes de rendimento das zonas húmidas

Verificou-se que 65,5% dos inquiridos recebiam algum tipo de rendimento da zona húmida, incluindo 20,8% de inquiridos que recebiam um salário por guiar turistas, 54,2% vendiam materiais como madeira, lenha e outros materiais e 23,6% vendiam algum tipo de artesanato aos turistas.

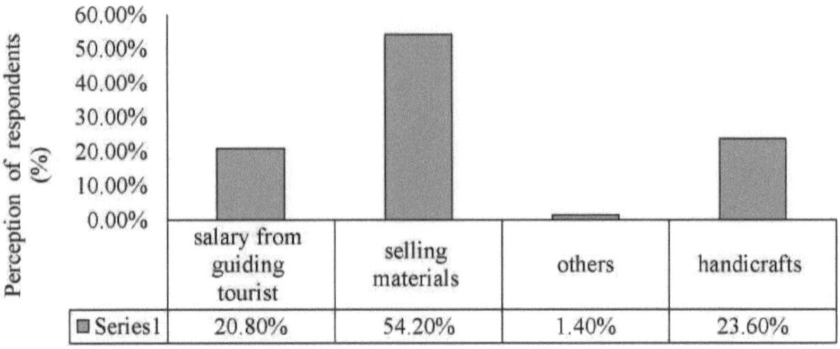

Figura 2. Fontes de rendimento dos inquiridos da zona húmida

4.2.2 Regulamentação dos serviços

O lago Bishajari e a zona húmida associada são uma área rica em biodiversidade. Para além de fornecer serviços diretos, o ecossistema também fornece benefícios indirectos aos seres humanos derivados das funções de regulação. Os serviços de regulação são serviços obtidos a partir da regulação dos processos ecosistémicos e sistemas de suporte de vida (De Groot *et al.*, 2002; MEA, 2003; MEA, 2005). Esta secção trata de serviços ecosistémicos selecionados a partir da função de regulação do ecossistema de zonas húmidas. Estes incluem a regulação do clima, a regulação da água e o controlo da erosão.

4.2.2.1 Regulação climática

O lago Bishajari é uma área de vários processos ecológicos. A regulação do clima, como um dos produtos de vários processos, envolve a manutenção de um clima favorável à saúde humana, à habitação, ao cultivo e à recreação.

De acordo com a população local, a temperatura foi alterada em relação à época anterior. Os habitantes locais testemunharam a alteração da cobertura vegetal. O volume da precipitação nas sub-bacias (de acordo com os dados recolhidos entre 1980 e 2012) mostrou uma tendência de aumento nos últimos 33 anos, que é discutida abaixo.

A população local considera que a presença de árvores é importante para a manutenção das condições locais onde pretendem utilizar o barracão para si e para o seu gado. A regulação do microclima pode ser possível através da transpiração na presença de árvores. Uma única árvore pode transpirar 450 litros de água por dia, o que consome 1000MJ de energia térmica para conduzir o processo de evaporação (Bolund e Hunhammar, 1999). No entanto, a desflorestação pode reduzir a evapotranspiração da humidade para a atmosfera, enfraquecendo a reciclagem da água e provocando a secagem do clima local (Foley *et al.*, 2007). Tanto a biodiversidade aquática como a terrestre desempenham um papel importante na regulação do clima, especialmente através dos seus efeitos no ciclo do azoto e no sequestro de carbono.

As zonas húmidas existem também para processos de regulação. As zonas húmidas desempenham um papel importante na regulação do clima global, sequestrando e libertando quantidades significativas de carbono (MEA, 2005). Os sistemas de águas interiores desempenham dois papéis críticos: a regulação dos gases com efeito de estufa (especialmente o dióxido de carbono) e o amortecimento físico dos impactos das alterações climáticas.

4.2.2.2 Regulação da água

A zona húmida tem cobertura vegetal e lagos terminais que participam no processo de regulação da água. Além disso, recebem escoamento superficial e água da recarga de águas subterrâneas das bacias hidrográficas circundantes. O coberto vegetal contribui para o controlo das águas superficiais e para a manutenção das águas subterrâneas úteis para o abastecimento de água. Por outro lado, as áreas com vegetação permitem a infiltração da água e a vegetação absorve a água e liberta-a para o ar através da evapotranspiração (Bolund e Hunhammar, 1999). O momento e a magnitude do escoamento superficial, das inundações e da recarga dos aquíferos podem ser fortemente influenciados por alterações na ocupação do solo, incluindo, em particular, as alterações que modificam o potencial de armazenamento de água do sistema, como a conversão de zonas húmidas ou a substituição de florestas por terras agrícolas ou de terras agrícolas por áreas urbanas (MEA, 2003, MEA, 2005).

4.2.2.3 Controlo da erosão

A área coberta por florestas tem gramíneas subjacentes que têm grande importância ecológica para suportar o solo frágil. O coberto vegetal desempenha um papel importante na retenção do solo e na prevenção de deslizamentos de terras (MEA, 2003, MEA, 2005). O controlo da erosão e a retenção de sedimentos são regulados pela arquitetura das plantas à superfície e abaixo da superfície do solo, pela quantidade de folhada à superfície e pela qualidade física e teor de matéria orgânica do solo (Swift *et al.*, 2004; Pattanayak, 2004).

As zonas húmidas, no seu estado natural, são geralmente vegetadas. Esta vegetação reduz a velocidade das águas das cheias e a ação das ondas, diminuindo assim o potencial de erosão das linhas de costa e das zonas de planície aluvial. Os sistemas radiculares da vegetação das zonas húmidas ligam os solos da planície aluvial e da linha costeira para resistir ainda mais às forças erosivas.

4.2.3 Serviços de apoio

Os serviços de suporte são serviços de apoio à vida que são importantes para manter todos os outros serviços ecosistémicos (MEA, 2005; MEA, 2003; De Groot *et al.*, 2002). Estes serviços mantêm as condições de vida na terra, mas podem afetar as pessoas apenas indiretamente (apoiando e produzindo outro serviço, como a formação do solo apoia a produção de alimentos) ou durante períodos de tempo muito longos (como o papel dos ecossistemas na produção de oxigénio) (MEA, 2005).

4.2.3.1 Viveiro e resíduos

O lago Bishajari e a zona húmida associada servem para a conservação e proteção de uma flora e fauna diversas, que foram descritas nas caraterísticas ecológicas do lago Bishajari e da zona húmida associada.

4.2.4 Serviços culturais

4.2.4.1 Lazer e ecoturismo

O lago Bishajari tem uma utilização notável para fins recreativos devido à sua paisagem única, ambiente sereno, vida aquática e outras aves de zonas húmidas diversas. Com base no inquérito turístico, descreve-se a utilização da área como local de atração turística no que diz respeito ao seu estado atual para fins recreativos. Os locais culturais incluem Jaldevi, perto da zona do lago.

Preferência dos inquiridos por actividades recreativas: A maioria dos inquiridos (39,09%) prefere os miradouros, seguidos da observação de aves em lagos (26,36%), locais religiosos (23,64%), desfrutar de bebidas (4,55%), florestas e ilhas (2,73%), como mostra a figura abaixo relativamente às actividades recreativas preferidas pelos inquiridos.

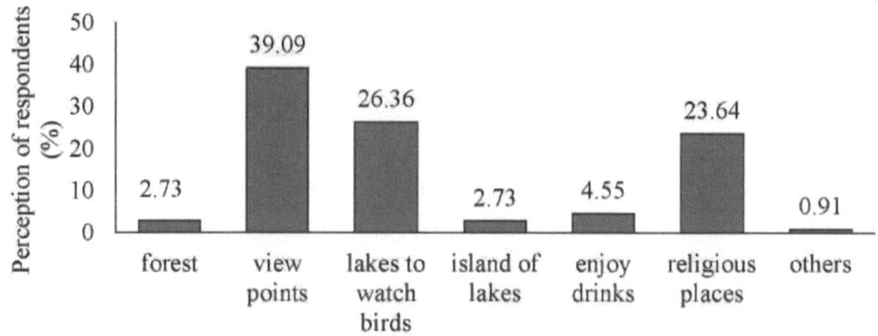

Figura 3. Preferência dos inquiridos em torno da zona húmida para recreação em torno do lago Bishajari e da zona húmida associada, 2012

Os inquiridos foram considerados positivos em relação à área protegida, uma vez que 42,7% desejavam terras protegidas e 56,4% parques protegidos, como mostra a Figura 4.

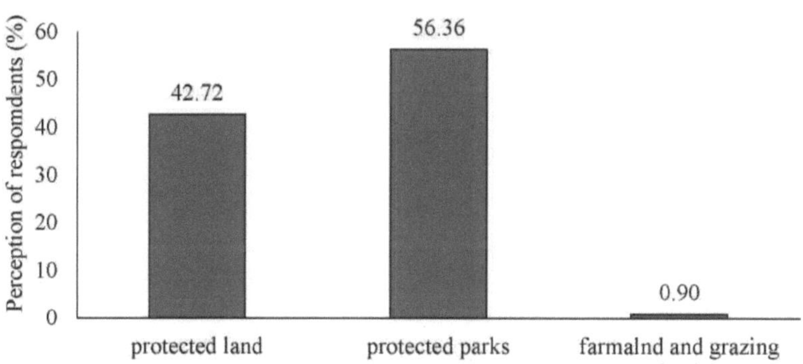

Figura 4. Preferência futura da zona húmida por parte dos inquiridos em cerca de Lago Bishajari e zona húmida associada, 2012

Além disso, os serviços culturais foram apoiados pela sua preferência em permanecer nas proximidades, uma vez que 60% dos inquiridos afirmaram que preferem viver num ambiente melhor, mas 31,8% devido à falta de terrenos para se instalarem, como mostra a Figura 5.

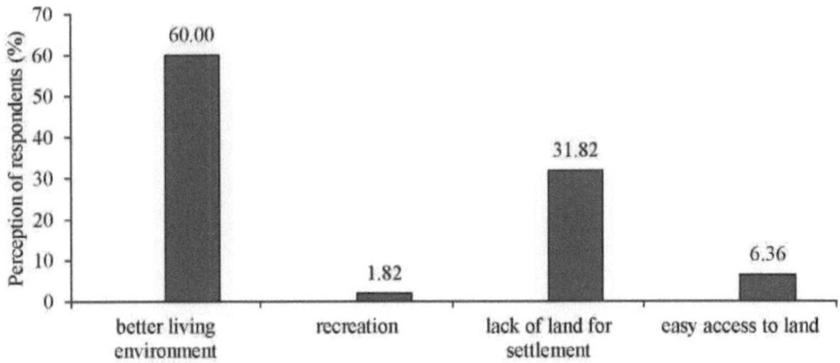

Figura 5. Preferência dos inquiridos por ficar nas imediações da zona húmida a cerca de Lago Bishajari e zona húmida associada, 2012

Estavam conscientes, até certo ponto, da importância da conservação das zonas húmidas para preservar os serviços culturais, assim como o inquérito aos agregados familiares mostrou que 43,6% disseram que promove a atração turística, 21,8% disseram que melhora a base de recursos e 16,4% disseram que mantém o ecossistema sustentável, como mostra a Figura 6.

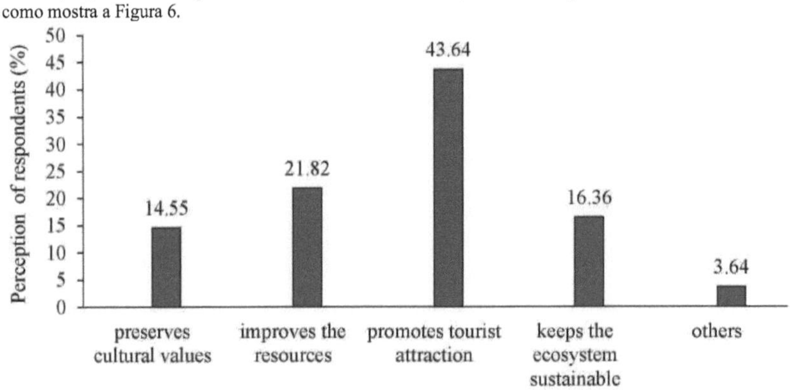

Figura 6. Serviços culturais obtidos pelos inquiridos na zona húmida em torno de Bishajari Lago e zona húmida associada, 2012

4.2.4.2 Investigação e educação

Investigação

Enquanto parte de uma área protegida e parte da natureza, uma das utilizações do lago Bishajari e da zona húmida associada é para fins científicos por parte da comunidade científica.

Foram realizados vários projectos de investigação na área por vários institutos de investigação nacionais e internacionais, faculdades, universidades e indivíduos interessados. Estes incluem também estudantes licenciados de diferentes universidades do país. O número e o detalhe dos projectos de investigação realizados e em curso não estão completamente documentados e arquivados e a informação é fragmentada, o que limita a sua inclusão neste estudo.

Educação

A zona húmida é também muito importante do ponto de vista educativo. Um grande número de estudantes visita o lago todos os anos para aprender sobre o estado do ecossistema do lago e a sua importância para a natureza e para as pessoas da comunidade.

4.2.4.3 Serviços espirituais

Na entrevista com os informadores-chave, foram abordadas as questões-chave relativas à crença tradicional para fins espirituais e religiosos relacionada com os lagos, as árvores e os animais considerados sagrados; a presença de cerimónias religiosas e a regra tradicional de proteção da água, dos animais e das árvores sagrados. As pessoas das zonas rurais estão normalmente ligadas às suas tradições, considerando-as locais sagrados por razões espirituais. A população local costumava reunir-se à beira do lago e oferecer-se para honrar ou apaziguar o seu super poder natural, Jaldevi, a deusa da água. Além disso, utilizam muitas plantas, tais como *Ficus benghalensis, Ficus religiosa, Shorea robusta, Calotropis gigantea, Ocimum basilicum*, para fins religiosos de oferendas e cerimónias religiosas. As pessoas continuam a adorar certos animais, como o elefante, a cobra, etc.

4.3 Identificação das partes interessadas a nível local

Este é um contributo importante para a compreensão mútua e para reunir diferentes interesses que ajudarão no desenvolvimento e implementação do planeamento de gestão para melhorar os serviços do ecossistema do lago Bishajari.

Numa primeira fase, foi elaborada uma lista preliminar de partes interessadas a partir da literatura durante o desenvolvimento da proposta. Esta lista foi posteriormente desenvolvida durante o trabalho de campo com os peritos. A lista de partes interessadas inclui indivíduos, empresas, organizações (governamentais e não governamentais) e outras organizações relevantes envolvidas direta ou indiretamente. Após o processo de identificação, a seleção foi feita com base numa abordagem de cima para baixo sobre a utilização e/ou gestão do ecossistema das zonas húmidas. Em seguida, as partes interessadas selecionadas foram agrupadas em conformidade. Estas partes interessadas são utilizadas como as principais partes interessadas envolvidas na zona húmida.

Tabela 13. Apresentação das diferentes partes interessadas identificadas a nível local em torno do lago Bishajari e zona húmida associada

Grupo de partes interessadas	Principais partes interessadas	Responsabilidades/interesses
Gestores e pessoal do parque	Diretor do Parque, peritos e pessoal	Conservação da vida selvagem e do ecossistema
Comunidades	Residentes adjacentes à zona húmida	Utilização dos recursos naturais e dos serviços dos ecossistemas das zonas húmidas
Empresas e	Hotéis, estâncias/pousadas,	Fazer negócio com os turistas
empresa	Fábrica de Coca-Cola	e visitantes e comercialização de serviços ecossistémicos
Administração local	Desenvolvimento distrital Gabinete, Município Gabinete, DFO, DSCO	Maximização dos benefícios económicos Proteção e conservação dos recursos naturais e do ecossistema, procurando aspectos jurídicos e apoio político.
ONG ambientais	Diferentes ONG e ONGIs	Conservação, reforço das capacidades, sensibilização e investigação.

4.4 Análise dos dados climáticos

4.4.1 Dados de precipitação

4.4.1.1 Precipitação média anual

A precipitação média anual de 32 anos (1980-2012) na estação meteorológica de Rampur mostra uma tendência crescente da precipitação. A precipitação máxima registou-se em 2007, com uma precipitação média anual de 228,6 mm, e a precipitação mais baixa em 1980, com uma precipitação média anual de 132,6 mm. A figura abaixo mostra a tendência crescente da precipitação. A precipitação aumentou, em média, 1,22 mm por ano.

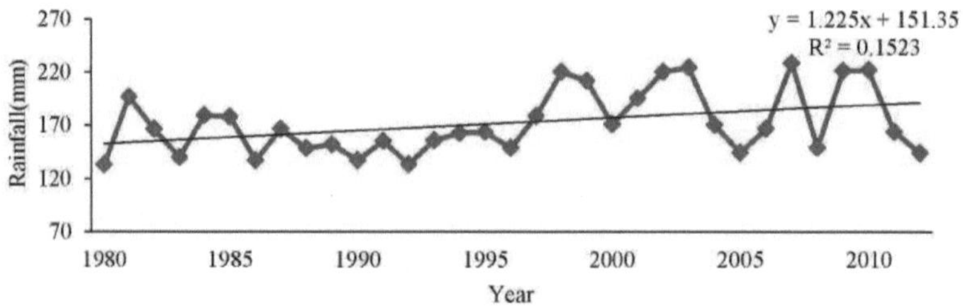

Figura 7. Precipitação média anual (mm) registada na Estação Meteorológica de Rampur de 1980-2012

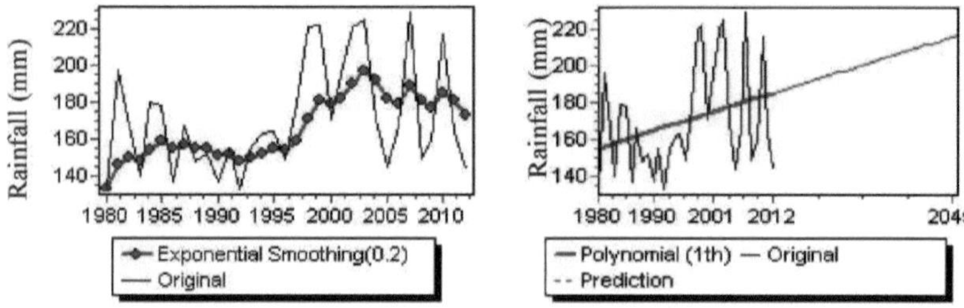

Figura 8. Autocorrelação para a precipitação média anual (esquerda) e a sua curva de aproximação (curva de chaikin) (direita)

Os valores auto-correlacionados para a precipitação revelaram que a maioria dos valores observados para a precipitação se encontravam abaixo da linha prevista, o que, após a estimativa, revelou que era errática, uma vez que os valores originais e os valores aproximados não coincidiam, principalmente após a década de 2000.

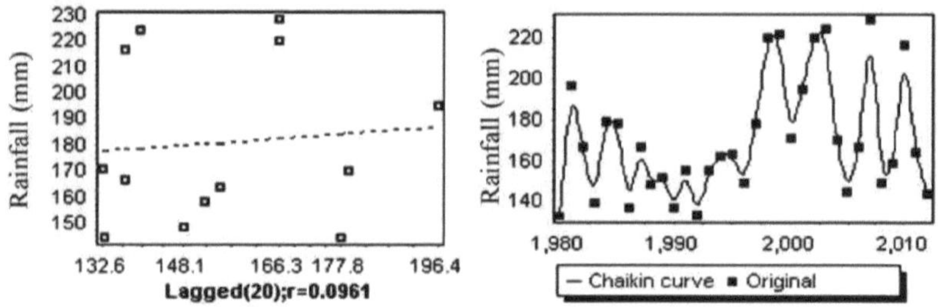

Figura 9 Mostra a suavização exponencial dos dados de precipitação (1980-2012) (esquerda) e a sua valores previstos ao longo dos anos (2013-2045) (direita)

A suavização exponencial a 0,2 mostrou que a diferença entre a precipitação prevista e a precipitação real ocorreu, o que apoiou a evidência de alterações climáticas, uma vez que a flutuação é maciça após a década de 2000.

4.4.1.2 Precipitação média mensal

A precipitação média mensal dos 32 anos mostra que julho é o mês mais húmido, com uma precipitação média de 603,99 mm, enquanto novembro é o mês mais seco, com apenas 4,29 mm de precipitação.

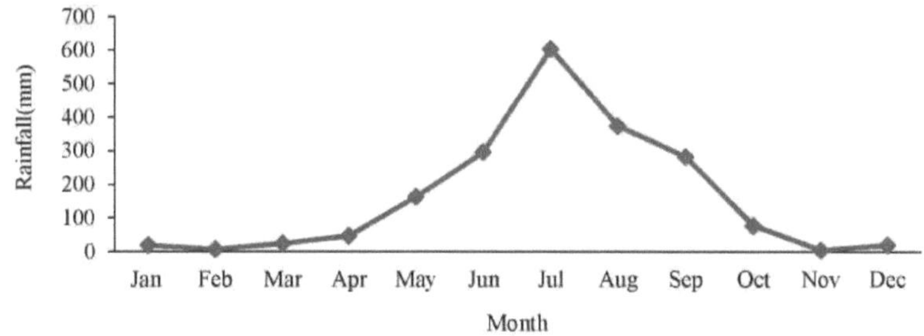

Figura 10 Precipitação média mensal do período 1980-2012 registada na estação meteorológica de Rampur

4.4.1.3 Precipitação média dos meses de inverno

novembro, dezembro e janeiro são os meses de inverno. Entre estes três meses, novembro recebe uma quantidade de precipitação muito nominal. A figura abaixo mostra a distribuição mensal da precipitação de inverno em cada década. A quantidade de precipitação recebida em cada década tem variado. Em comparação com outros períodos, 2000-2012 registou uma quantidade mínima de precipitação de 40,41 mm. Este facto provocou o fracasso das colheitas em sistema de sequeiro na área de estudo. A produção de culturas de inverno, como o trigo, falhou na zona de sequeiro. Por conseguinte, as culturas de inverno são mais sensíveis ao impacto das alterações climáticas.

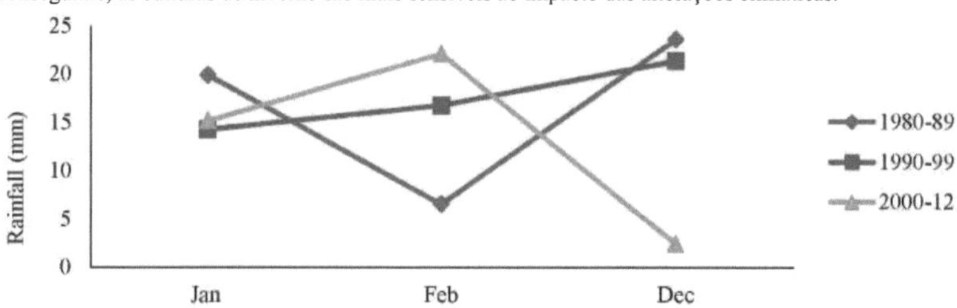

Figura 11 Precipitação média dos meses de inverno no período 1980-2012 registada na estação meteorológica de Rampur

4.4.1.4 Precipitação média da monção

A figura abaixo mostra a distribuição mensal da precipitação nos meses de monção em cada década. A precipitação da monção variou em cada década. Em comparação com outros períodos, em 2000-2012 registou-se um aumento da quantidade de precipitação e o valor mais baixo no período 1980-89. A monção precoce e tardia aumentou substancialmente no período 2000-12 em comparação com o período anterior.

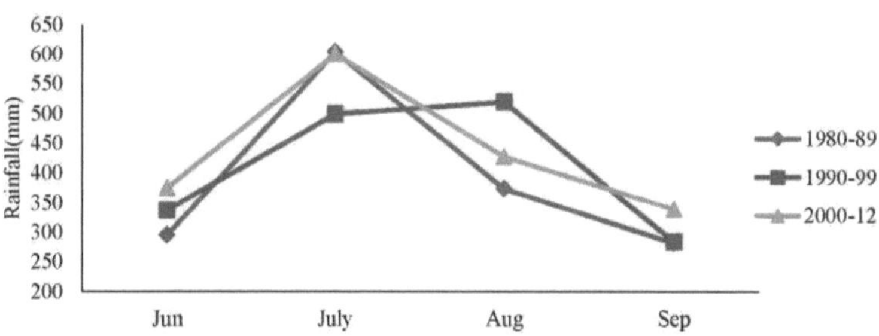

Figura 12. Precipitação média durante a monção no período 1980-2012 registada na estação meteorológica de Rampur

O cenário de alteração do padrão de precipitação afectou sobretudo as pessoas que dependem de actividades económicas tradicionais, bem como as que exercem outras actividades para além da agricultura. A baixa produtividade e a crescente dependência do mercado resultaram no aumento do preço dos produtos de mercado, o que marginalizou ainda mais as pessoas pobres (Poudel, 2007). Esta mudança não afectou apenas uma parte, mas também outras partes do país, causando problemas diferentes em locais geográficos diferentes (Dahal, 2005).

4.4.2 Temperatura

4.4.2.1 Temperatura média anual

A figura abaixo mostra a tendência crescente da temperatura média anual, máxima e mínima. A temperatura máxima registou um aumento de 0,0088°C por ano e a mínima de 0,065°C por ano. A taxa de aumento da temperatura mínima foi mais elevada do que a da temperatura máxima, o que mostra que os dias mais quentes estão a aumentar. Esta constatação dos dados relativos à temperatura corresponde à perceção das pessoas durante o inquérito. Estas afirmaram que os dias mais frios estão a diminuir e que os dias de calor extremo são mais pronunciados do que nos dez anos anteriores.

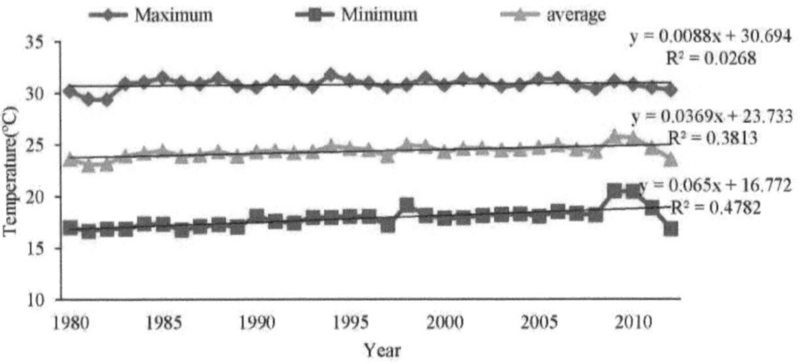

Figura 13. Variação da temperatura máxima, média e mínima no período 1980-2012

Foram registadas tempestades de granizo na área, mas não havia registos disponíveis sobre o dia da ocorrência da tempestade de granizo. Botzen *et al.* (2009) verificaram que as tempestades de granizo estão correlacionadas com temperaturas mínimas elevadas. Por conseguinte, é de esperar que o aumento da temperatura mínima na área de estudo provoque um aumento das tempestades de granizo e dos danos causados por estas.

A temperatura média da zona de estudo aumentou 0,36°C/década. Corresponde ao ICIMOD (2007), que afirmou que o aumento da temperatura no Nepal se situava num intervalo de 0,2-0,6°C por década. A temperatura máxima média anual aumentou 0,08°C/década, e a temperatura mínima média anual aumentou 0,65°C/década. A média anual da temperatura máxima foi de 30,69°C em 1980, enquanto a média anual da temperatura mínima foi de 16,77°C no mesmo ano.

Os registos mostram que a temperatura anual do Nepal aumentou 1,8 graus Celsius nos últimos 32 anos (Malla, 2008). Também os relatórios indicam que o Nepal começou a sentir os impactos das alterações climáticas em resultado do aquecimento global (Poudel 2007; Dahal 2006 e ICIMOD 2001).

Estudos anteriores declararam que o aquecimento global já afectou o padrão de precipitação mundial. Este efeito já é observado no sul da Índia e no sudeste asiático (www. Democraticunderground.com). O impacto deste efeito é visível nas práticas agrícolas de sequeiro. A observação da hora de verão (2 de janeiro de 2008) na parte ocidental do Nepal também indicou que a precipitação e a temperatura mudaram em pequenas áreas, afectando as fontes de água locais.

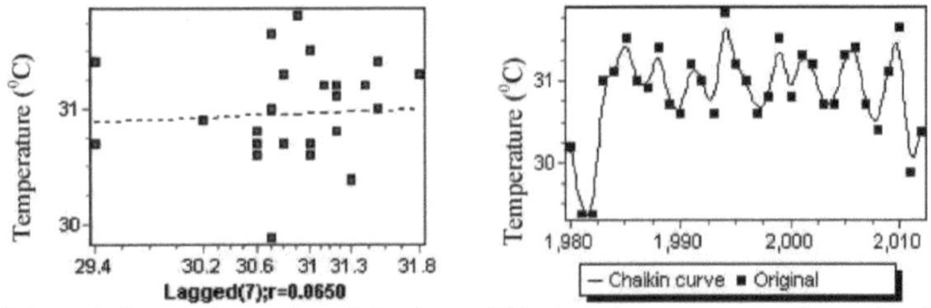

Figura 14. Autocorrelação para a temperatura máxima (esquerda) juntamente com a sua curva de aproximação (Curva de Chaikin) (direita)

Após análise através de um analisador de séries temporais com 11 valores desfasados e r=0,065, a maioria dos valores situou-se acima da linha prevista e a aproximação da temperatura foi concedida com os dados originais, exceto alguns eventos extremos.

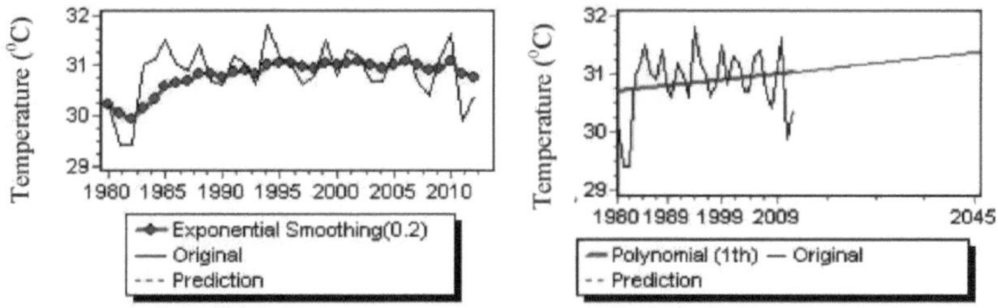

Figura 15: suavização exponencial da temperatura máxima (esquerda) e seus valores previstos ao longo dos anos (direita)

Após a suavização exponencial dos dados, os dados previstos juntamente com os valores reais são apresentados na figura acima. Após a previsão dos dados até 2045, previu-se que a temperatura máxima média anual seria de 31,38°C com um erro médio de 0 e um erro padrão de estimativa de 0,5646.

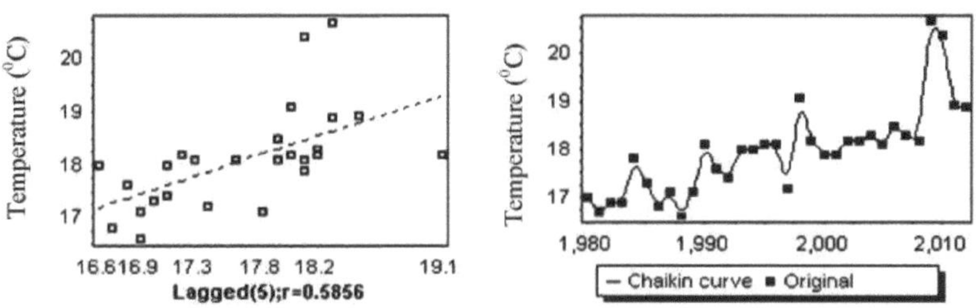

Figura 16: Autocorrelação para a temperatura mínima (à esquerda) e respectiva curva de aproximação (curva de chaikin) (à direita)

Após análise através de um analisador de séries temporais com 5 valores desfasados e r=0,5856, a maioria dos valores situou-se abaixo da linha prevista e a aproximação da temperatura foi concedida com os dados originais, exceto alguns eventos extremos.

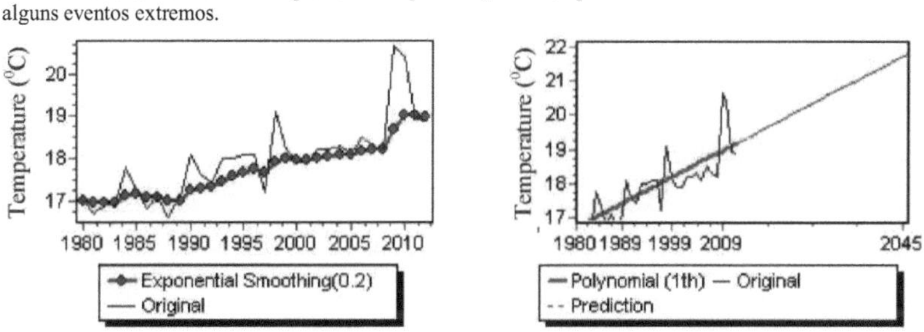

Figura 17. Mostra a suavização exponencial da temperatura mínima (esquerda) e a sua valores previstos ao longo dos anos (direita)

Os dados analisados para a temperatura mínima mostraram que a temperatura mínima está a aumentar mais acentuadamente em comparação com a temperatura máxima, o que foi revelado pelo alisamento exponencial a 0,2. Além disso, quando prevista para 2045, verificou-se que era de 21,8°C com um erro médio de 0 e um erro padrão de estimativa de 0,5782.

4.4.2.2 Temperatura máxima mensal média

A análise da temperatura mensal mostra que a temperatura atinge o seu valor máximo em abril (35,76°C) enquanto que o valor mais baixo foi registado em janeiro (22,82°C). O mês de inverno recebe uma quantidade muito nominal de precipitação, o que foi provado como evidência de seca na área de estudo.

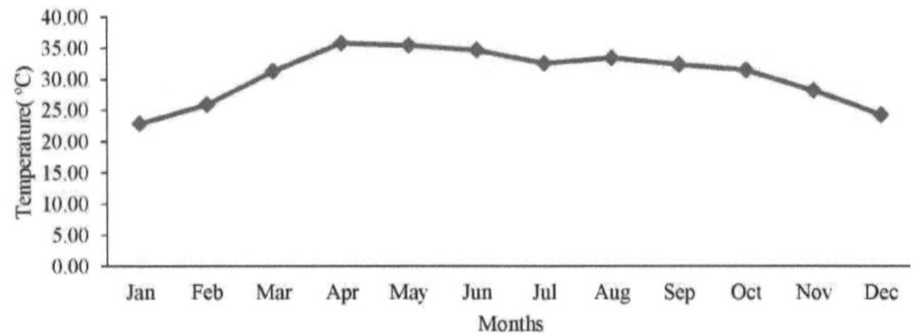

Figura 18. Indicação da temperatura máxima mensal de 1980-2012 na estação meteorológica de Rampur

4.4.2.3 Temperatura mínima mensal média

A análise da temperatura mínima mensal média de 1980-2012 mostra que janeiro tem a temperatura mínima mais baixa (7,52°C), enquanto que agosto tem a temperatura mínima mais elevada (24,88°C).

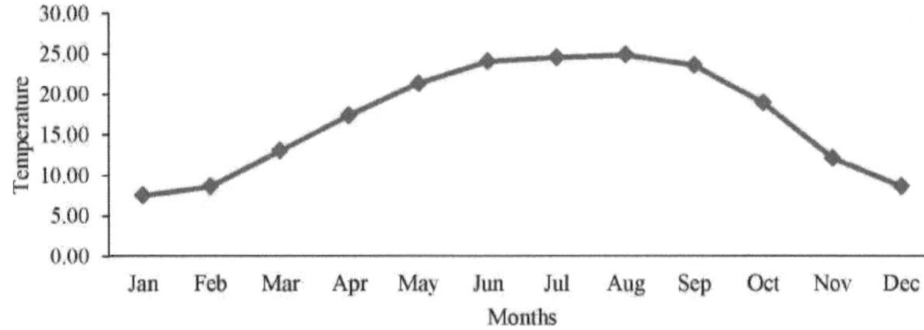

Figura 19. Indicação da temperatura mínima mensal de 1980-2012 na estação meteorológica de Rampur

4.4.2.4 Temperatura média dos meses de verão e de inverno

A comparação da temperatura máxima dos meses de verão dos três períodos mostra que não há grandes alterações significativas na temperatura. A temperatura máxima média dos meses de verão do período 1980-89 foi de 34,57°C, tendo subido para 35,19°C em 1990-99, mas voltou a descer para 34,68°C.

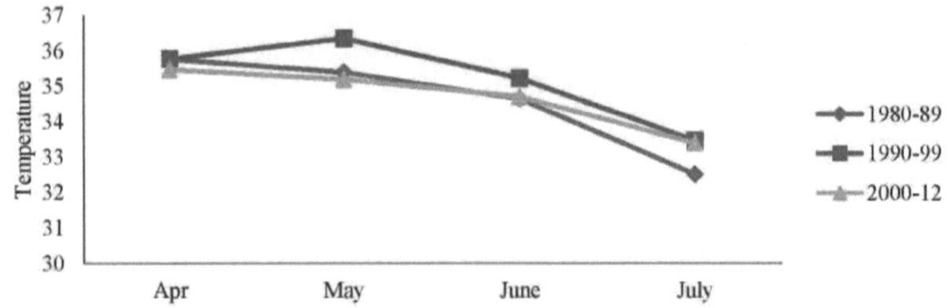

Figura 20: Temperatura máxima (°C) dos meses de verão na estação meteorológica de Rampur nas últimas três décadas (1980/89-2000/12)

Enquanto a mudança na temperatura máxima dos meses de inverno mostrou um aumento distinto da temperatura à medida que o ano avançava. A temperatura máxima média dos meses de inverno no período de 1980-89 foi de 25,31 °C, tendo diminuído para 23,78 °C e subido novamente para 25,22 °C. O aumento da temperatura mínima foi mais pronunciado do que a alteração da temperatura máxima.

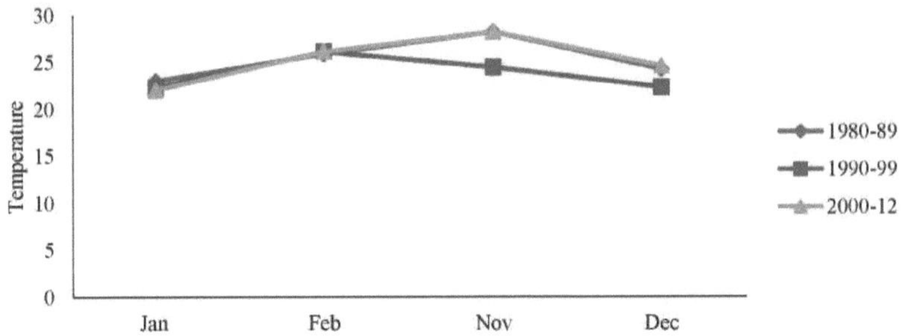

Figura 21: Temperatura máxima (°C) dos meses de inverno na estação meteorológica de Rampur nas últimas três décadas (1980/89-2000/12)

Ao comparar a temperatura mínima dos meses de verão, parece haver um aumento gradual da temperatura à medida que o tempo avança. A temperatura mínima do período 1980-89 foi de 21,84 °C, que subiu para 22,78 °C no período 1990-99, que novamente subiu drasticamente no período 2000-12 para 23,34 °C.

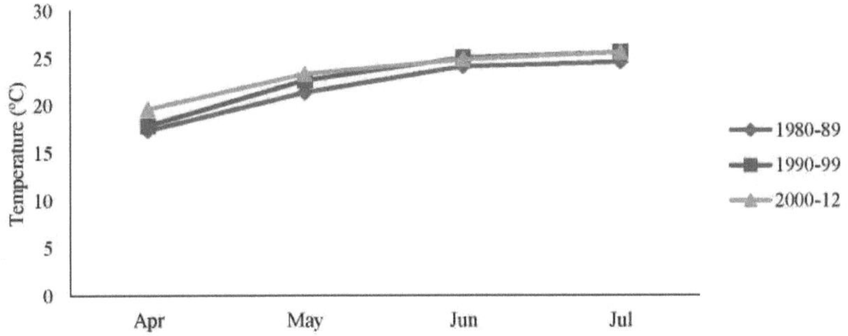

Figura 22: Temperatura mínima (°C) dos meses de verão na estação meteorológica de Rampur nas últimas três décadas (1980/89-2000/12)

A análise da temperatura mínima dos meses de inverno também mostrou uma tendência crescente. A temperatura no período 1980-89 era de 8,25 °C, tendo aumentado para 9,01 °C e 9,59 °C nos períodos 1990-99 e 2000-12, respetivamente.

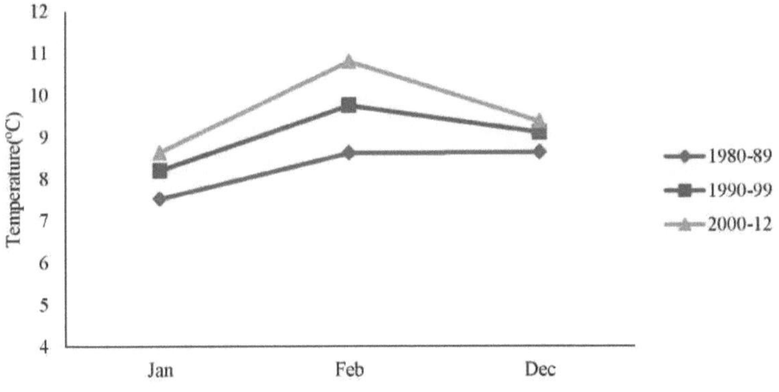

Figura 23: Temperatura mínima (°C) dos meses de inverno na estação meteorológica de Rampur nas últimas três décadas (1980/89-2000/12)

Estes dados mostram que o verão está a ser mais quente, enquanto no inverno os dias mais frescos estão a diminuir e os Invernos estão a ser mais quentes. O efeito no inverno é mais sentido do que na temperatura mínima do verão.

4.5 A perceção das pessoas sobre as alterações climáticas na área de estudo

4.5.1 Perceção do estado e das tendências de serviços ecossistémicos selecionados prestados pelas zonas húmidas

A maioria dos inquiridos sente que a qualidade dos serviços ecosistémicos derivados do ecossistema do Lago Bishajari está a deteriorar-se, o que foi comprovado pelas suas respostas. Cerca de 58.5% dos inquiridos sentiram que as tendências dos serviços derivados do Lago Bishajari estão a degradar-se rapidamente, enquanto 25.6% sentiram que estão a degradar-se lentamente, 25% sentiram que as tendências dos serviços ecosistémicos recebidos são constantes e 5.7% sentiram que ainda é bom.

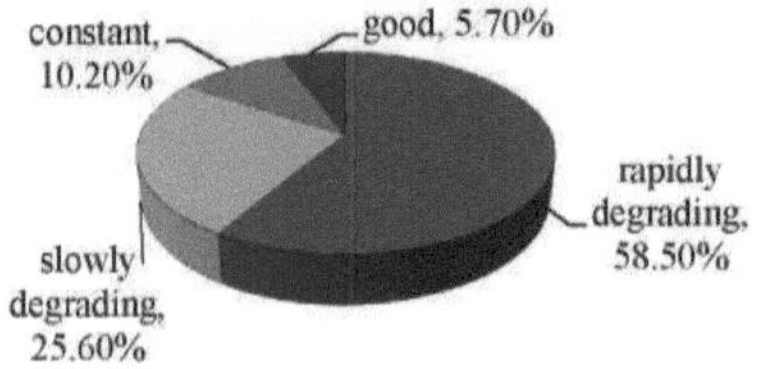

Figura 24 Perceção das pessoas sobre o estado e as tendências de serviços ecosistémicos selecionados prestados pelas zonas húmidas

1.5.2 Perceção das causas da mudança ecosistémica

A população local em torno do ecossistema do lago considera que as alterações climáticas contribuíram em grande medida para acelerar a mudança do ecossistema. Um total de 48,8% dos inquiridos considera que as alterações climáticas são a causa destas alterações, enquanto 19,5% atribuem a culpa à procura de alimentos e de energia e 17,1% ao crescimento demográfico.

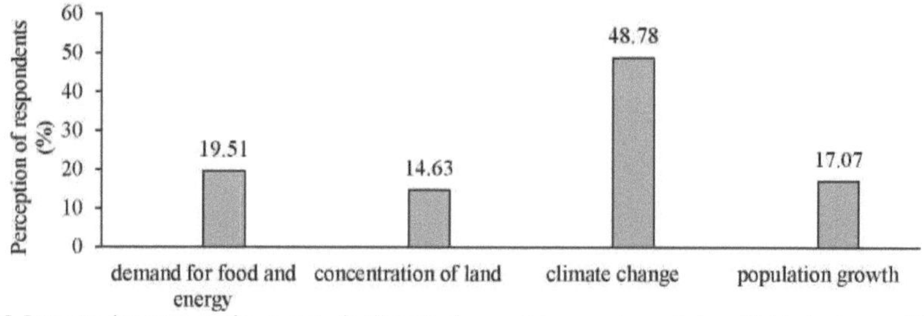

Figura 25. Perceção das pessoas sobre a causa da alteração do ecossistema em torno do lago Bishjari e da zona húmida associada, 2012

1.5.3 Perceção dos processos que conduzem à mudança ecosistémica

No que diz respeito aos processos que estão na origem desta mudança, 43,9% dos inquiridos votaram nas alterações climáticas; 36,6% acreditam que se deve à desflorestação, 14,6% à poluição da água e 4,9% à fragmentação.

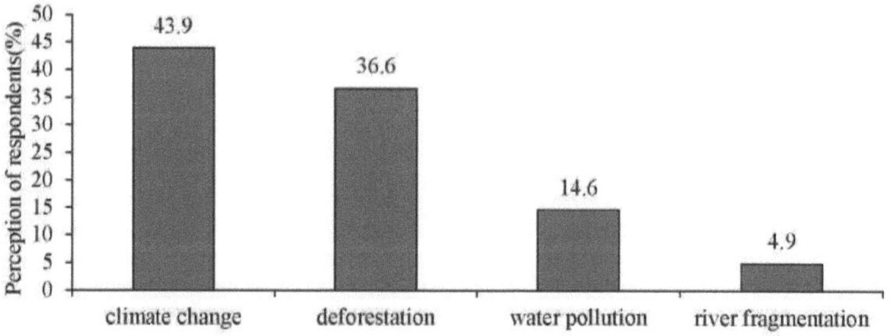

Figura 26. Perceção das pessoas sobre os processos que conduzem à mudança do ecossistema em torno do lago Bishjari e da zona húmida associada, 2012

Como afirmam Bond e Keeley (2005), são as alterações climáticas que alteram os regimes de perturbação, ou seja, os padrões espaciais e temporais dos diferentes tipos de perturbação, que podem alterar radicalmente as propriedades dos ecossistemas. A Avaliação Ecossistémica do Milénio, de 2005, também enumera a desflorestação como o processo mais medido de alteração do coberto vegetal à escala global.

Além disso, o IPCC (2007a) e Fahrig (2003) defendem também que a perda de habitat, a degradação e a fragmentação dos solos são as principais causas da perda de biodiversidade terrestre e do comprometimento do funcionamento dos ecossistemas, resultando numa perda de serviços ecossistémicos. Para além do impacto direto na biodiversidade, nos ecossistemas e nos serviços ecossistémicos e em conjugação com as alterações climáticas, as alterações do uso e ocupação do solo podem ter efeitos indirectos enquanto factores de mudança climática (IPCC, 2007b).

1.5.4 Perceção do principal fator de mudança ecosistémica

Um total de 22% votou no crescimento populacional e na extração excessiva como factores de mudança dos ecossistemas, enquanto 14,6% votaram na poluição, 7,3% na fragmentação e 34,1% nas alterações climáticas.

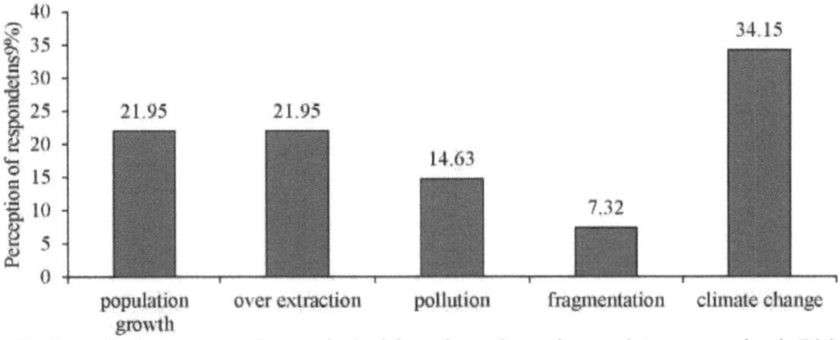

Figura 27. Perceção das pessoas sobre o principal fator de mudança do ecossistema em redor de Bishjari Lago e zona húmida associada, 2012

Estas conclusões podem ser melhor apoiadas pelas conclusões de Houghton *et al.* (2001), que afirmam que a conversão e a fragmentação dos ecossistemas em muitas partes do mundo, como ilustrado por uma taxa anual de desflorestação tropical de cerca de 0,7%. Além disso, as alterações climáticas, com a expetativa de temperaturas mais quentes, alterações na precipitação e aumento de fenómenos meteorológicos extremos, como ondas de calor, inundações e secas e incêndios associados e surtos de pragas (Houghton *et al.*, 2001; McCarthy *et al.*, 2001).

1.5.5 Perceção dos serviços ecosistémicos afectados

Todos os inquiridos consideram que a sua vida é afetada pelas alterações do ecossistema. No que respeita às causas desta mudança, 32% dos inquiridos salientaram a alimentação, 22% as doenças, 19% as inundações e 15% a migração.

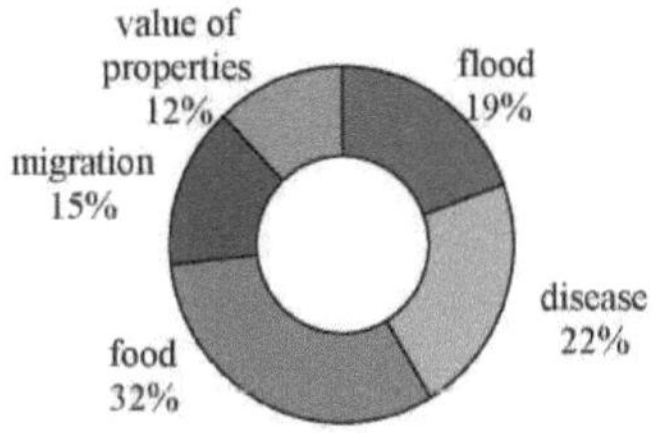

Figura 28 Diagrama de dispersão mostrando a perceção das pessoas sobre o tipo de serviços ecossistémicos afectados em torno do Lago Bishjari e da zona húmida associada, 2012

Williamson *et al.* (2009a) e Williamson *et al.* (2009b) consideram que os lagos são excelentes indicadores das alterações climáticas, cuja principal preocupação para os seres humanos inclui a expansão das áreas de baixo oxigénio ("zonas mortas"), a proliferação de algas nocivas (HAB) e a diminuição da produção pesqueira. Há também provas inequívocas de que as alterações climáticas estão a ocorrer e a ter impactos na biodiversidade (IPCC, 2007a). Além disso, é muito provável que as alterações no funcionamento dos ecossistemas provocadas pelo clima resultem na alteração das comunidades vegetais, na deslocação das fronteiras dos principais biomas e em alterações do habitat das espécies animais (IPCC, 2007a; Bergengren *et al.*, 2011; Gonzalez *et al.*, 2010; Sitch *et al.*, 2008). Além disso, esta conclusão é corroborada por Oswalt *et al.* (2009); Lobell *et al.* (2011); Perry *et al.* (2010), que afirmam que quanto mais rápida for a taxa de alterações climáticas, mais esta pode afetar a capacidade dos ecossistemas para suportar o fornecimento de culturas, madeira ou peixe.

4.5.6 Perceção das pessoas sobre a alteração dos parâmetros climáticos

Cerca de 73% dos inquiridos consideram que a incidência da precipitação aumentou muito e 15% consideram que houve poucas alterações, o que é bastante semelhante ao que se verificou na análise. Esta conclusão pode ser corroborada pela de Thomas *et al.* (2007), em que a maioria dos inquiridos relacionou a mudança dos padrões climáticos a longo prazo com o aumento da variabilidade e da imprevisibilidade e identificou o clima como um "risco que afecta os meios de subsistência".

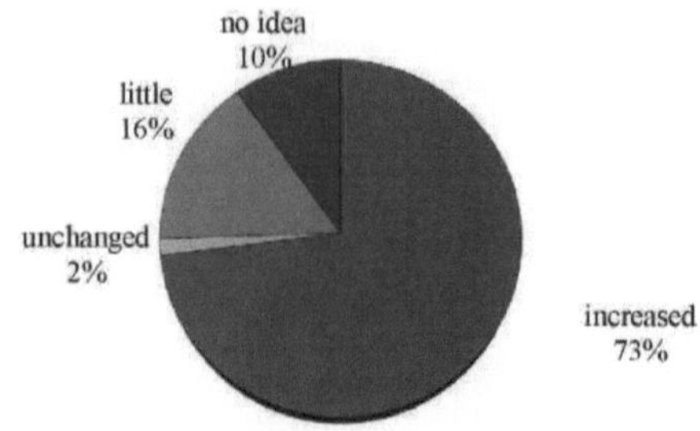

Figura 29 Perceção das pessoas sobre a alteração dos parâmetros climáticos em torno do lago Bishjari e zona húmida associada, 2012

A AXA/IPSOS (2012) obteve resultados semelhantes, em que 90% das pessoas inquiridas acreditam que o clima mudou significativamente nos últimos 20 anos e 75% acreditam que as alterações climáticas têm provas científicas.

De acordo com os inquiridos, o verão está a ficar mais quente e mais longo, enquanto o inverno está a ficar mais curto e mais quente. A intensidade da precipitação aumentou, mas a duração da precipitação, especialmente durante o inverno, diminuiu. Além disso, o padrão de precipitação tem sido irregular, tendo a precipitação de verão diminuído em certa medida e a de inverno aumentado. A observação também apoia os estudos científicos em geral (IPCC 2007b). Do mesmo modo, as observações também correspondem às estimativas de aumento da temperatura de $0{,}41^{0}$ Celsius por década no Nepal, com base em dados metrológicos de longo prazo (GON, 2004) sobre as alterações climáticas e o seu impacto é visível na zona de estudo.

A base das medidas de adaptação deve ser compreendida e introduzida tendo em conta o nosso tipo de vulnerabilidades devido ao impacto. Essa base poderia ser a interação entre o clima e a tecnologia para a potencial adaptação e variabilidade da agricultura no Nepal (Chhetri e Shrestha, 2004).

29.5.6.1 A perceção das pessoas sobre a mudança de temperatura

Cerca de 94% dos inquiridos consideram que o calor aumentou, 4% não têm qualquer ideia sobre a alteração e 2% consideram que diminuiu. O resultado também foi idêntico ao encontrado para a alteração da precipitação. Devido a este aumento da precipitação, 79% dos inquiridos consideram que a ocorrência de inundações é frequente.

Manandhar (2009) e Pasakhala (2010) chegaram a conclusões semelhantes sobre a perceção das pessoas relativamente a diferentes aspectos das alterações climáticas. Os 89% dos inquiridos da AXA/ IPSOS, 2012, acreditam que as alterações climáticas têm múltiplas consequências, sendo a primeira um aumento constante das temperaturas médias.

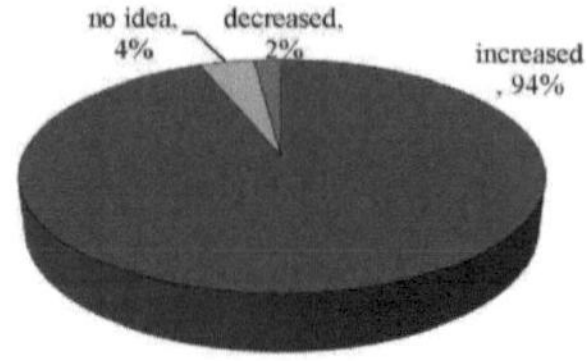

Figura 30 Perceção das pessoas sobre a mudança de temperatura em torno do lago Bishjari e área de zona húmida associada, 2012

Tendo em conta a experiência das pessoas, o grau de calor aumentou. A temperatura no inverno também está a aumentar gradualmente. A prevalência de mosquitos durante o inverno também aumentou. A dependência das águas subterrâneas aumentou. A colheita de peixe diminuiu, uma vez que os pântanos, os canais e as lagoas estão a secar. Muitos inquiridos partilham as suas experiências sobre o efeito da diminuição da precipitação na agricultura; é difícil colher a tempo o arroz, o milho e outras culturas alimentares.

De acordo com os inquiridos, surgiram novos insectos que se propagaram às culturas, bem como às forragens e outras vegetações. Para curar estes insectos/doenças nas principais culturas, a utilização de pesticidas está também a aumentar. Os inquiridos consideraram que o aumento da temperatura é a principal causa da floração precoce de diferentes espécies de frutos e culturas. As espécies de culturas e os frutos que são conhecidos como adequados para a estação do verão são também adequados para a estação do inverno.

4.5.6.2 Perceção das pessoas sobre a ocorrência de seca

64% dos inquiridos consideram que a ocorrência de secas é frequente e 30% consideram que a ocorrência de secas é grave.

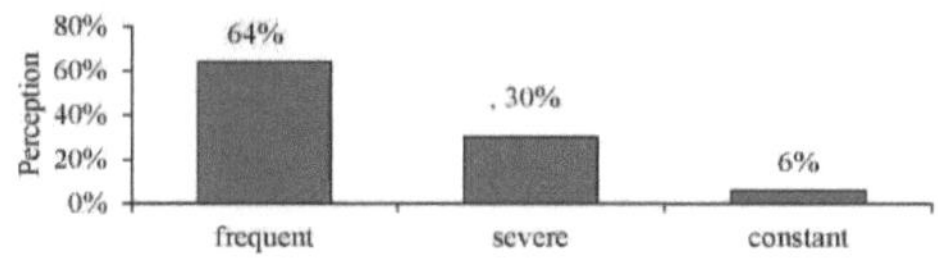

Figura 31 Perceção das pessoas sobre a magnitude da seca em torno do lago Bishjari e área de zona húmida associada, 2012

4.5.6.3 Perceção da incidência de inundações

O sentimento dos inquiridos sobre a mudança do ambiente em termos de impactos da menor precipitação nos recursos hídricos é apresentado abaixo. Cerca de 79% dos inquiridos acreditam que a incidência de cheias é frequente, 2% dizem que é constante e 6% afirmam que a ocorrência de cheias é pequena. Também 10% afirmam que é importante.

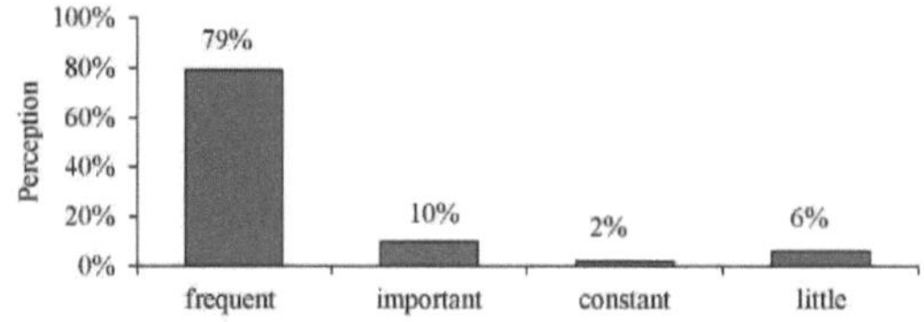

Figura 32 Perceção das pessoas sobre a ocorrência de inundações em torno do lago Bishjari e área de zona húmida associada, 2012

Com base na discussão em grupo, as chuvas não sazonais, irregulares e erráticas resultaram em inundações e secas. Esta situação tem um impacto negativo na produção agrícola (alimentos e culturas), o que está a ameaçar a segurança alimentar e o bem-estar da população. Devido à diminuição da precipitação e ao aumento da temperatura, os recursos hídricos estão a secar lentamente. Além disso, Manandhar (2009) constatou que as vagas de frio eram um fenómeno anual na parte ocidental do Nepal nos últimos 10 anos, mas que tinham diminuído nos últimos 2 anos.

4.5.6.4 Perceção das pessoas sobre as alterações nas reservas alimentares e no verão

Um total de 89% dos inquiridos considera que as reservas alimentares estão a diminuir, sendo que 90% dos inquiridos consideram que tal se deve ao verão prolongado.

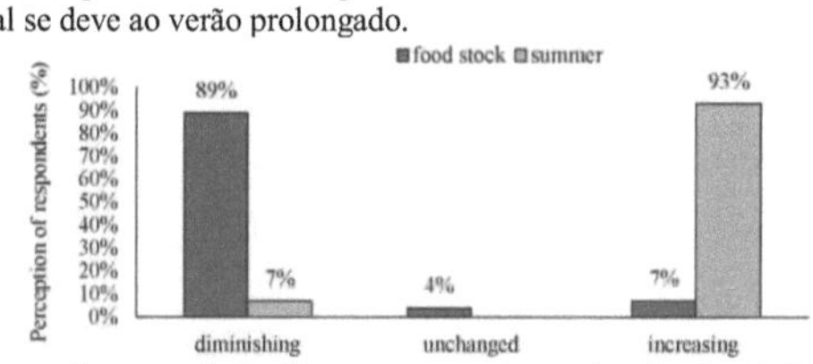

Figura 33 Perceção das pessoas sobre o stock de alimentos e o verão nas imediações do lago Bishjari e área de zona húmida associada, 2012

33.5.6.5 Alterações observadas no coberto vegetal

A população local observou novas ervas daninhas, como *Mikania micrantha, Chromolaena odorata, Eichhornia crassipes, Eupatorium adenophorum, Ipomoea carnea Lantana camara, Mikania micrantha e Parthenium hysterophorus* e outras plantas a invadir as suas quintas e florestas. Do mesmo modo, as árvores estão a perder as suas folhas muito mais cedo do que o habitual. A comunidade (inquiridos) do local de estudo já sofreu a perda de algumas plantas e espécies nativas. Os informadores-chave referiram que as florestas, os lagos, os prados, as zonas húmidas e os ecossistemas agrícolas estão em constante degradação. Os prados foram convertidos em terrenos baldios estéreis devido à precipitação irregular e à seca.

Esta conclusão é apoiada por Regmi (2009) de Talbesi Tanahun. De acordo com o estudo, uma raça local de Gauriya, que costumava ser cultivada em grandes pântanos e zonas húmidas, perdeu-se devido às frequentes inundações do rio Talbesi e dos seus afluentes, que depositaram uma enorme quantidade de areia e lama, transformando assim esta área pantanosa em terra agrícola seca.

A alteração da temperatura e do padrão de precipitação está a criar um ambiente favorável ao aparecimento de pragas, doenças e espécies invasoras, que se propagam e invadem as terras agrícolas, as florestas e outras terras de pastagem. Os inquiridos consideram que as espécies invasoras se estão a propagar muito rapidamente e a danificar a agricultura e as florestas. Preocupa-os o facto de os serviços provisórios terem diminuído até certo ponto devido às espécies invasoras Banmara (*Mikania micrantha, Lantana Camara e Eupatorium adenophorum*). Estas espécies competem com a flora nativa pelos recursos com muito sucesso e possuem fortes potenciais alelopáticos.

Entre as espécies vegetais ameaçadas, apenas *a Shorea robusta* teve uma presença bastante frequente; outras espécies tiveram uma distribuição ocasional ou escassa na área de estudo.

Tabela 14. Espécies de plantas ameaçadas a nível nacional encontradas no sistema de lagos Bishajari e terrenos adjacentes

Nome	Frequência de ocorrência
Sal (*Shorea robusta*)	Frequente
Saj (*Terminalia tomentosa*)	Frequente
Khair (*Acacia catechu*)	Ocasional
Alstonia scholaris	Ocasional
Bombax ceiba	Escassa
Rauvolfia serpentina	Escassa
Piper longum	Escassa
Vanda cristata	Ocasional

As espécies localmente extintas são o veado do pântano e o búfalo de água selvagem. As espécies ameaçadas de extinção são a pitão-das-rochas, o lagarto-monitor-amarelo, o crans-comum, o rinoceronte, o gaur e o antílope-de-quatro-chifres. Vários peixes, caracóis e lesmas locais estão em vias de extinção.

Verificou-se que alguns comportamentos das plantas foram alterados.

33.5.6.6 Perceção da evolução do nível de vida

Cerca de 85% dos inquiridos consideraram que, devido às alterações climáticas, o rendimento diminuiu muito, afectando o seu nível de vida, enquanto 15% afirmaram que o rendimento aumentou.

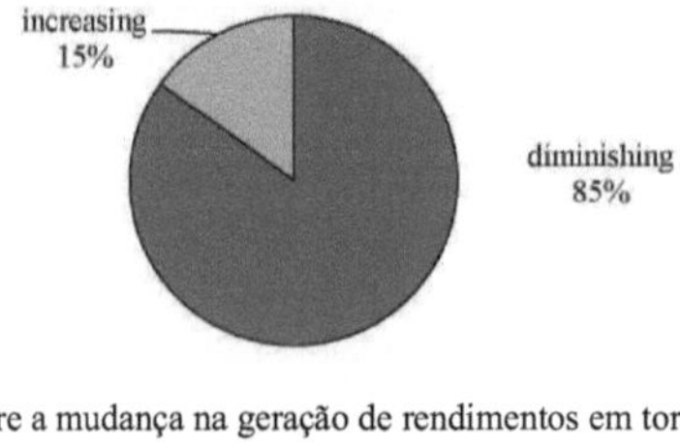

Figura 34 Perceção das pessoas sobre a mudança na geração de rendimentos em torno do lago Bishjari e

área de zona húmida associada, 2012

Do mesmo modo, no que se refere a outras razões que podem influenciar negativamente o nível de vida e a saúde, 30% dos inquiridos referiram-se a um estilo de vida dispendioso, 29% à poluição, 22% à desflorestação e 19% às doenças.

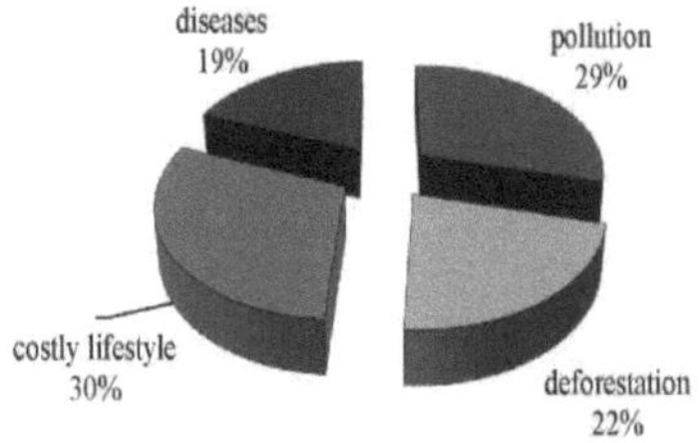

Figura 35 Perceção das pessoas sobre as razões que afectam os padrões de vida para além do clima alteração em torno do lago Bishjari e da zona húmida associada, 2012

Para além do impacto no ecossistema, uma grande maioria das pessoas espera que estas alterações climáticas tenham consequências graves para a saúde e a sociedade: conflitos sobre o acesso a alimentos ou água (77%), propagação de doenças (64%) e um aumento da migração humana (60%), tal como referido num estudo semelhante realizado pela AXA/IPSOS (2012).

4.5.7 Consequências e impactos das alterações e tendências relacionadas com o clima

O aumento da temperatura está a criar condições problemáticas para a vida quotidiana das pessoas. O impacto das alterações climáticas na saúde humana é amplamente sentido. Os inquiridos nos locais de estudo sofreram vários tipos de doenças, desnutrição infantil, gripe viral, alergias e comichão, bem como doenças de pele. Muitos inquiridos salientaram a necessidade de utilizar redes mosquiteiras nos dias de hoje. Embora o serviço de saúde primário tenha sido tornado gratuito pelo governo, as despesas anuais com medicamentos estão a aumentar. As doenças mais frequentes são apresentadas a seguir:

- Desidratação
- Doenças do estômago e do intestino
- Doença de Cyme (carraças) em animais
- Intoxicação alimentar

Os mosquitos, as moscas, as traças e outros insectos estão a aumentar, o que resulta numa maior frequência de doenças entre as crianças. A febre, a malária, a varicela, a diarreia, a infeção do útero e as doenças de origem hídrica estão a aumentar todos os anos. O mesmo resultado foi obtido pelo estudo efectuado por Regmi (2007) nos distritos de Kaski e Tanahun. De acordo com o estudo, as comunidades das aldeias relataram o aumento do número de mosquitos e moscas, o que está a resultar em doenças frequentes entre as crianças.

Muitos dos inquiridos afirmaram que o seu nível económico tem vindo a diminuir. As fontes de rendimento estão a ser limitadas, o rendimento da agricultura e da pecuária está a diminuir todos os anos. Alguns deles estão a dar educação aos seus filhos, enviando-os para instituições privadas. Estão a migrar para zonas semi-urbanas e urbanas para procurar alternativas à ocupação tradicional.

4.5.7 Vulnerabilidade às alterações climáticas

A vulnerabilidade foi avaliada em termos da composição das pessoas, do contexto institucional e dos locais susceptíveis de serem vulneráveis.

Pessoas:

A maioria das pessoas tinha recursos limitados e não praticava uma agricultura diversificada. Um total de 15% dos inquiridos eram Dalits, com 3% de indígenas e Madhesi cada um, que tinham um nível de vida muito baixo, e 24% pertenciam a tribos étnicas, sendo 43% Bhramin e 14% Chhetris. As populações pobres em recursos e os intocáveis são vulneráveis às alterações climáticas.

Instituição:

Todos os inquiridos afirmaram ter uma relação boa e mútua com a autoridade de gestão. E a maior parte deles afirmou que, por vezes, lhes era pedido que tomassem algumas decisões, o que ilustra uma melhor governação da comunidade de gestão. Os habitantes locais dispõem de poucos recursos da floresta e das zonas húmidas devido à criação da zona tampão. Além disso, parece haver falta de governação por parte das instituições governamentais.

Locais:

A disponibilidade de terrenos para outros fins é limitada, uma vez que se situa na região do parque nacional e da zona tampão. Ocasionalmente, registam-se conflitos entre os habitantes do parque. A perda de habitat é frequente devido à fragilidade do ecossistema. A visibilidade do disco Sechi é de 0,3, o que sugere um estado hipertrópico do lago, com elevado teor de azoto/fósforo. O teor de oxigénio dissolvido é inferior ao valor mínimo internacional (3 - 5 mg/L) para as águas de superfície.

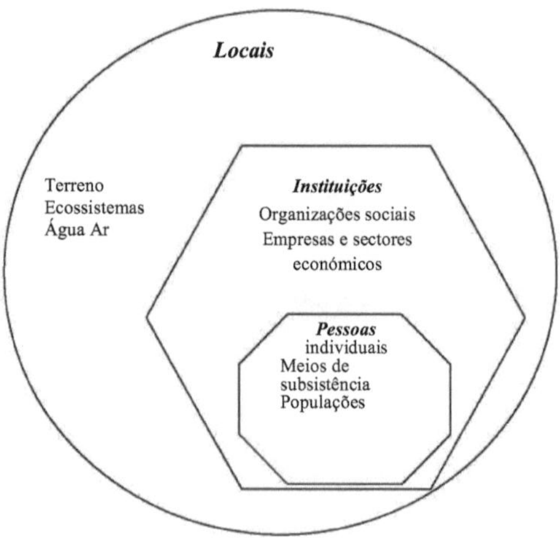

Figura 36. Unidades de análise para uma avaliação da vulnerabilidade em torno do lago Bishajari e da zona húmida associada, 2012

A preocupação central com as pessoas foi colocada no contexto das instituições e actividades socioeconómicas e dos recursos bio-geo-físicos. Foi feito um exercício de mapeamento cognitivo (basicamente colocar caixas e setas num flip chart) com este esquema para iluminar a exposição às variações climáticas e aos factores de vulnerabilidade.

Meios de subsistência no futuro:

Os efeitos das alterações climáticas afectarão sobretudo a produção agrícola, diminuindo assim a suficiência e a disponibilidade de alimentos e a regulação dos serviços ecossistémicos. Além disso, a redução da disponibilidade de água pode diminuir a produção de peixe e de outros produtos e a perda de biodiversidade irá certamente diminuir o nível de vida.

As consequências prováveis das alterações climáticas para a utilização sustentável dos recursos naturais e a proteção do ambiente são apresentadas a seguir:

- Perda de biodiversidade
- Extinção de certas espécies
- Degradação dos recursos
- Redução da disponibilidade de serviços de certos ecossistemas

Para além da mudança climática, as outras razões que podem influenciar negativamente os serviços do ecossistema são a urbanização não planeada, a desflorestação, a invasão e a caça furtiva, a ganância e a política instável. Após a análise, a progressão da vulnerabilidade pode ser avaliada como abaixo.

Tabela 15. Mostrando a progressão da vulnerabilidade em torno do lago Bishajari e associados área de zonas húmidas 2012/13

Progressão da vulnerabilidade				
Causas profundas ⇒	*Pressões dinâmicas*	⇒ **Condições inseguras** ⇒	***Catástrofes***	⇐ **Riscos**
Acesso limitado aos recursos	**Falta de** Instituições	**Ambiente físico frágil**	**RISCO**	inundações

Estruturas
Potência
Ideologias
Sistemas políticos
Sistemas económicos

Formação
Competências
Investimento
Mercados
Sociedade civil
Macroforças
Crescimento da população

Estruturas não protegidas
Perda de recursos
Frágillocal económico
Meios de subsistência em risco
Rendimento baixo
Sociedade vulnerável
Grupos de risco
Pouca capacidade para lidar com a situação

PERIGO
\+
VULNERABILIDADE

Deslizament os de terra
Seca
Ondas quentes

Urbanização
Despesas
Reembolso da dívida

Acções públicas
Falta de preparação

Vírus e pragas
Doenças

Desflorestação

Doença endémica

Solo e degradação da água

Pouca capacidade para lidar com a situação

4.5.9 Observação sobre a resposta e a adaptação

Houve algum tipo de adaptação a nível comunitário para fazer face às alterações climáticas, em certa medida

- Bio-gás para reduzir a utilização de lenha, o que é certamente um bom sinal de adaptação e de aumento da capacidade de resistência às alterações climáticas.
- Florestação e gestão adequada para aumentar o coberto vegetal e contribuir também para a fixação do carbono, o que é um sinal positivo para a economia verde.
- Limpeza e proteção do habitat das zonas húmidas contra a *Eichornia*, o que ajuda a manter a integridade do ecossistema das zonas húmidas.

4.5.9.1 Sugestões/estratégias de adaptação

Os inquiridos consideram que a florestação e a gestão da cobertura florestal podem regular a hidrologia. A extensão das instalações de irrigação durante o verão ajuda a combater o efeito do aumento da temperatura. O aterro em torno das instalações do lago também pode ser útil, na opinião dos inquiridos, para reduzir a incidência de inundações. O fornecimento de sombra pode ser útil para as culturas e os animais para combater as altas temperaturas. Salientaram a necessidade de microfinanciamento e de facilidades de microcrédito para aumentar a capacidade de adaptação das pessoas.

Para além de dependerem dos serviços obtidos do ecossistema das zonas húmidas, as populações locais também se dedicam à agricultura, que pode ser essencial para fazer face às alterações climáticas. As suas formas de multiplicar estas culturas são apresentadas abaixo neste contexto:

- Dependendo não só de fertilizantes químicos, mas também de diferentes tipos de adubos orgânicos.
- Cooperativas e grupos de agricultores para a comercialização canalizada de produtos agrícolas e medicinais.
- Cultivo fora de época, de modo a obter o máximo de benefícios da agricultura.
- Utilização de tractores e motocultivadores para avançar para uma agricultura mecanizada e reduzir o custo dos factores de produção agrícola.

4.5.9.2 Métodos utilizados para aumentar ou proteger o núcleo florestal

O núcleo florestal é muito essencial para manter a hidrologia e os serviços gerais de modo a combater as alterações climáticas em torno das instalações do lago. Conscientes deste facto, os habitantes locais utilizaram várias tácticas que são apresentadas a seguir:

- Florestação e reflorestação de modo a manter um coberto florestal uniforme em todo o território.
- Disponibilização de guardas florestais e vedações eléctricas para minimizar a entrada ilegal, a caça, a colheita e a caça furtiva.
- Gestão adequada para manter um cenário sólido nas proximidades do lago Bishajari e da zona húmida associada.

Outros meios para aumentar o rendimento da silvicultura familiar e comunitária são a pesca contratual, a venda de madeira, o agro-ecoturismo e o pedido de incentivos ao governo para ajudar na conservação. O rendimento e as despesas de várias actividades da floresta em torno da área do lago são apresentados no Apêndice 6.

RESUMO E CONCLUSÃO

O tema das alterações climáticas está a ser objeto de debate e de uma questão candente, desde o nível das bases até ao nível global no mundo contemporâneo. Devido à dependência da agricultura tradicional, as oportunidades de vida estão ligadas às alterações climáticas no terceiro mundo, como o Nepal. Até agora, os investigadores têm-se concentrado em descobrir o seu efeito em vários sectores relacionados com questões de subsistência. O efeito das alterações climáticas ainda não foi avaliado em pormenor a nível local. A compreensão desta questão é diferente a nível nacional e a nível local.

Este estudo procura avaliar o impacto das alterações climáticas nos serviços ecossistémicos gerados pelo lago Bishajari e pela zona húmida associada do distrito de Chitwan. O objetivo deste estudo é descobrir o efeito geralmente observado das alterações climáticas para concluir o curso de Mestrado em Agricultura com especialização em Ecologia da Conservação no Instituto de Agricultura e Ciência Animal da Universidade de Tribhuvan. Para o efeito, os dados primários foram recolhidos através de um inquérito por entrevista, de entrevistas a informadores-chave, de discussões em grupo e do método de observação. A informação secundária foi recolhida em várias instituições governamentais, publicações relevantes, reportagens de jornais e outras revistas nacionais e internacionais publicadas recentemente. Neste processo, tentei apresentar a perceção das pessoas locais da mesma forma que elas se exprimiram.

Dos resultados e da discussão, pode concluir-se que houve alteração do padrão de precipitação, ocorrência de seca, temperatura e outras consequências do género. No que respeita ao padrão de precipitação, verificou-se que a hora da chuva, a quantidade de chuva e a intensidade da chuva mudaram em relação ao passado. A análise dos dados meteorológicos fornecidos pela estação de Rampur indica algumas das alterações registadas nas variáveis climáticas nos últimos anos. Os dados relativos à temperatura e à precipitação no período 1980-2012 revelam algumas alterações. A temperatura média aumentou 0,36°C/década, com uma tendência de aumento da temperatura máxima média anual de 0,088°C/década e uma tendência de aumento da temperatura mínima média anual de 0,65°C/década. A precipitação média anual registou uma tendência decrescente.

O estudo concluiu que os impactos das alterações climáticas na comunidade rural são graves, uma vez que estão diretamente relacionados com os meios de subsistência das pessoas pobres. A perceção das pessoas a nível local indica que 58,5% dos inquiridos consideram que a tendência dos serviços ecossistémicos do lago Bishajari e das zonas húmidas associadas se está a degradar e que a nossa vida é afetada pelas alterações do ecossistema. Quanto ao efeito, 32% dos inquiridos salientaram a alimentação, 22% as doenças, 19% as inundações e 15% a migração. Um total de 48,8% dos inquiridos considera que as alterações climáticas são a causa destas alterações, enquanto 19,5% apontam para a procura de alimentos e energia e 17,1% para o crescimento demográfico. Quanto aos processos que estão na origem desta mudança, 43,9% dos inquiridos votaram nas alterações climáticas, 36,6% na desflorestação, 14,6% na poluição da água e 4,9% na fragmentação. 41,5% dos inquiridos consideraram que a produção alimentar será mais afetada pelas alterações climáticas, 22% consideraram que a incidência de doenças aumentará, 17,1% sublinharam que haverá perda de biodiversidade, 12,2% consideraram que haverá degradação da qualidade da água e 7,3% salientaram que haverá menor disponibilidade de fontes de energia. 22% votaram no crescimento da população e na extração excessiva como factores de mudança dos ecossistemas, enquanto 14,6% votaram na poluição, 7,3% na fragmentação e 34,1% nas alterações climáticas.

Além disso, 94% dos inquiridos sentiram a mudança de temperatura, que também aumentou, 4% não fazem ideia e 2% acreditam que diminuiu. O resultado também foi idêntico ao encontrado para a alteração da precipitação. Devido a este aumento da precipitação, 79% dos inquiridos consideram que a ocorrência de inundações é frequente.

Do mesmo modo, 73% dos inquiridos consideram que a incidência da precipitação aumentou muito e 15% consideram que houve poucas alterações, o que é bastante semelhante ao que se verificou após a análise. Segundo eles, o padrão de precipitação tem sido irregular, a precipitação de verão diminuiu em certa medida e a de inverno aumentou. Um total de 64% dos inquiridos considera que a ocorrência de seca é frequente e 30% considera que a ocorrência de seca é grave. Estas alterações no padrão de precipitação são muito significativas para as pessoas da comunidade porque a comunidade depende diretamente das práticas agrícolas alimentadas pela chuva e qualquer alteração na intensidade e duração da precipitação prejudicará a produção agrícola. A área de estudo é vulnerável a inundações e é mais afetada pelo alagamento temporário durante a monção. A alteração do padrão de precipitação é mais preocupante para as pessoas da zona, que estão preocupadas com as consequências futuras se o mesmo padrão se mantiver, pelo que o seu calendário de colheitas foi adiado. Cerca de 89% dos inquiridos consideram que as reservas alimentares estão a diminuir, sendo que 90% dos inquiridos consideram que isso se deve ao verão prolongado. Do mesmo modo, 85% dos inquiridos consideraram que, devido a esta situação, o seu rendimento diminuiu muito. Do mesmo modo, no que se refere a outras razões que podem influenciar negativamente o nível de vida e a saúde, 30% dos inquiridos consideraram que o estilo de vida é dispendioso, 29% que a poluição, 22% que a desflorestação e 19% que as doenças são responsáveis.

A capacidade e as técnicas locais de adaptação são muito fracas na localidade em estudo. O método de precaução para fazer face a riscos como as cheias e inundações é quase inexistente. Não se observa nenhuma estratégia de adaptação específica nem é provável que venha a ser adoptada num futuro próximo. A comunidade é altamente vulnerável na ausência de um mecanismo de proteção adequado. A mudança observada na temperatura e na precipitação deixou-os preocupados com o seu futuro. Embora algumas ONG e ONGI estejam a ajudá-los a desenvolver técnicas de adaptação, muito mais terá de ser feito nos próximos anos para que a exposição às catástrofes seja menor. Os factores que melhoram a capacidade de adaptação incluem um fórum social comum, sensibilização e comunicação, formação e defesa, instituições e infra-estruturas, riqueza e crescimento económico através de actividades geradoras de rendimentos, modernização e prática de conhecimentos indígenas. A área de estudo carece ainda de uma base de dados suficiente e de um estudo pormenorizado. As alterações climáticas estão a aumentar o problema na vida rural, mesmo que estejam a utilizar diferentes mecanismos de adaptação local que não são suficientes. As pessoas estão a mudar de profissão, passando da agricultura e da pecuária para sectores mais fáceis, como a construção civil e o emprego no estrangeiro. Os jovens estão a desaparecer para países estrangeiros em busca de emprego. A migração dos jovens está a criar um vazio e uma escassez de recursos humanos para cultivar.

Se considerarmos a tendência climática emergente com base na análise de dados e na perceção das pessoas, a vulnerabilidade às catástrofes induzidas pelo clima pode ser exasperada. Uma precipitação monçónica mais curta e intensa na estação das chuvas resultará num aumento das inundações. A menor ou nenhuma precipitação no inverno ou noutras estações está a provocar a secagem da zona. Apesar dos esforços de desenvolvimento para aumentar o crescimento socioeconómico, o impacto climático é suscetível de aumentar a vulnerabilidade se não forem desenvolvidas e postas em prática estratégias de adaptação.

As projecções adequadas dos impactos e a formulação de políticas para fazer face a esses impactos requerem uma investigação pormenorizada neste domínio; só assim a comunidade será reforçada na adaptação às alterações climáticas.

ESBOÇO BIOGRÁFICO

O autor nasceu a 14th de maio de 1987 em Satasidham-6, Jhapa, sendo o filho mais novo do Sr. Bhagirath Khanal e da Sra. Goma Devi Khanal. Concluiu o seu certificado de conclusão do ensino secundário na Balmiki Secondary English Boarding School, Biratnagar, em 2002. Passou o exame intermédio (10+2) no Birat Campus (Escola de Ciências e Tecnologia), Biratnagar, em 2005. Em seguida, entrou para o Instituto de Agricultura e Ciência Animal (IAAS), Rampur, Chitwan, em 2006, e concluiu o bacharelato em Agricultura, com especialização em Horticultura, com distinção em 2010.

Foi-lhe concedido um fundo de investigação por Local Initiatives for Biodiversity Research and Development (LIBIRD), Nepal, para prosseguir o seu mestrado em Ecologia da Conservação na Universidade de Tribhuvan, IAAS, Rampur, Chitwan, Nepal.

Autor

RECOMENDAÇÕES

Com base nas conclusões do estudo, foram formuladas as seguintes recomendações.
A fim de planear o desenvolvimento futuro para melhorar os meios de subsistência das comunidades na área de estudo, é importante identificar o grupo vulnerável.
Deverá haver diversificação nas estratégias de subsistência que incluam outras fontes de rendimento fora da zona húmida.
Devem ser feitos aterros e métodos de bio-engenharia em áreas cruciais ao longo das margens, bem como proteger a floresta para reduzir a erosão e os impactos das inundações. É necessário aumentar o nível de consciencialização das pessoas sobre a redução do risco de desastres e técnicas de adaptação que podem incluir a preparação e o sistema de aviso prévio para reduzir a perda de vidas e propriedades.
É essencial que os regimes de microfinanciamento, como o microcrédito, o microsseguro, etc., prevejam a concessão de empréstimos a uma taxa de juro baixa às famílias que sofrem perdas devido às condições climáticas.
Qualquer novo projeto que seja implementado deve incluir elementos de adaptação climática para aumentar a resiliência da comunidade a diferentes níveis.
É necessário um estudo mais aprofundado para avaliar a vulnerabilidade diferencial dos membros da comunidade, incluindo as mulheres e os membros com poucos recursos.

Recomendações para o planeamento e a implementação do programa

As comunidades rurais devem ser sensibilizadas para as alterações climáticas e o seu impacto.
Para reduzir os danos causados por calamidades naturais como o granizo, os riscos hídricos (inundações, cheias repentinas, secas) e as alterações da precipitação, é necessário desenvolver um sistema de previsão meteorológica.
Para reduzir a invasão da floresta, a agricultura intensiva deve ser efectuada para aumentar o rendimento, de modo a que os animais selvagens possam também ser protegidos e o seu habitat preservado.
O nível de sensibilização para a cura de doenças e a melhoria do estado de saúde em deterioração deve ser melhorado através de técnicas tradicionais e indígenas de preservação e utilização de ervas medicinais e plantas aromáticas.
Devem ser preservados e promovidos os conhecimentos indígenas sobre agricultura, colheita em zonas húmidas, criação de gado, fabrico de artesanato e adaptação às alterações climáticas.
Para preservar a biodiversidade na zona local, é necessário aumentar o nível de sensibilização das comunidades rurais para a biodiversidade.
Para melhorar as condições económicas das comunidades rurais, os recursos locais devem ser utilizados de forma adequada.

Recomendações para a investigação-ação

É necessário realizar mais estudos sobre o cultivo de culturas de rendimento, a segurança alimentar e a otimização dos serviços ecossistémicos.
É necessário um estudo mais aprofundado para determinar quais as espécies das principais culturas e outras plantas que se perdem e porquê, e quais as implicações para as estratégias de subsistência da comunidade local que implementam a sua preservação.
É necessário efetuar mais estudos sobre as alterações climáticas e a alteração do padrão de criação de gado.
É também necessária investigação sobre a mudança do estilo de vida das pessoas em relação às alterações climáticas, à produção e produtividade das culturas e às actividades geradoras de rendimentos e ao impacto direto na saúde.
É também necessária investigação sobre o impacto espetral das alterações climáticas nos recursos hídricos, na produção agrícola, no rendimento dos peixes e na gestão do gado.
É também necessária investigação sobre a perda de biodiversidade e as suas implicações na vida das pessoas.
É também necessária investigação sobre o impacto da migração dos jovens para as zonas urbanas nas aldeias e a sua relação com as alterações climáticas.
É também necessária investigação sobre o aumento das espécies invasoras, a propagação de doenças e a utilização de pragas e as suas implicações para a saúde.

LITERATURA CITADA

Aalst, M.K.V., T. Cannon e I. Burton. 2008. Adaptação às alterações climáticas a nível comunitário: The potential role of participatory community risk assessment. Global Environmental Change 18(1): 165-179.
ADB/ICIMOD. 2007. Avaliação ambiental do Nepal: Emerging issues and challenges. Banco Asiático de Desenvolvimento e Centro Internacional para o Desenvolvimento Integrado das Montanhas. Kathmandu, Nepal.
Agrawala, S.,V. Raksakulthai, M. van Alast, P. Larsen, J. Smith e J. Reynolds.2003. Development and climate change in Nepal: Focus on water resources and hydropower. Organização para a Cooperação Económica. COM/ENV/EPOC/ DCD/ DAC.
Alan, M. e Regmi B.R. 2005. Adverse impacts of the climate change on development of Nepal: integrating adaptation into policies and activities, capacity strengthening of least developed countries for adaptation to climate change.
APN. 2005. Reforço das capacidades nacionais na aplicação de modelos de simulação para a avaliação das alterações climáticas e dos seus impactos nos recursos hídricos e na produção alimentar e agrícola. Rede Ásia-Pacífico de Investigação sobre Alterações Globais.
AXA/IPSOS. 2012. Percepções individuais dos riscos climáticos. Comunicação corporativa e gestão de riscos do grupo.
Baidya, S. K., M.L. Shrestha e M.M. Sheikh. 2008. Trends in Daily Climatic Extremes of Temperature and Precipitation in Nepal (Tendências dos Extremos Climáticos Diários de Temperatura e Precipitação no Nepal). Journal of Hydrology and Meteorology 5(1): 38-53.
Bajracharya, S.R., P.K. Mool e B.R. Shrestha. 2007. Impact of climate change on Himalayan glaciers and glacial lakes: Case studies on GLOF and associated hazards in Nepal and Bhutan (Estudos de caso sobre GLOF e riscos associados no Nepal e Butão). Centro Internacional para o Desenvolvimento Integrado das Montanhas (ICIMOD), Nepal.
Barbier, E. B., W. Adams e M. Acreman. 1997. Avaliação económica dos benefícios das zonas húmidas.
Barendregt, A.2004. O impacto do regime de inundação nos ecossistemas em zonas de água doce de maré. Int. J. Ecohydrol. Hydrobiol. 5: 95-102.
Bergengren, J.C., Waliser D.E. e Yung YL. 2011. Ecological sensitivity: a biospheric view of climate change (Sensibilidade ecológica: uma visão biosférica das alterações climáticas). Climatic Change 107: 433-457.
Bhusal, Y. R. 2009. Local people's perceptions on climate change, its impacts and adaptation measures in Mid-Mountain region of Nepal (A case study from Kaski district). Tese de licenciatura em silvicultura não publicada. Instituto de Silvicultura, Pokhara, Nepal
Bolund, P. e S. Hunhammar. 1999. Ecosystem services in urban areas. Ecological Economics 29: 293-301.
Bond, W.J., e J.E. Keeley. 2005. Fire as a global 'herbivore: the ecology and evolution of flammable ecosystems. Trends in Ecology and Evolution 20: 387-394.
Botzen, W.J.W., L.M. Bouwer e J.C.J.M. van den Bergh. 2009. Climate change and hailstorm damage: Empirical evidence and implications for agriculture and insurance. Resource and Energy Economics, Artigo no prelo.
BPP. 1995. Biodiversity Assessment of Terai Wetlands. Projeto de Perfil da Biodiversidade, Publicação nº 1, Departamento de Parques Nacionais e Conservação da Vida Selvagem, Katmandu, Nepal
Brinson, M. M. 1993. Alterações no funcionamento das zonas húmidas ao longo de gradientes ambientais. Wetlands 13: 65-74.
Brown, L. E., D. M. Hannah e A. M. Milner. 2001. Vulnerability of alpine stream biodiversity to shrinking glaciers and snowpacks. Global Change Biology 13: 958966.
CGIAR/CIAT. 2013. Gerador de clima Marksim. Disponível em http://gismap.ciat.cgiar. org/ MarkSimGCM (Recuperado em 28 de novembro de 2012).
Chaudhary, P. e K. S. Bawa, 2011. Local perceptions of climate change validated by scientific evidence in the Himalayas (Percepções locais das alterações climáticas validadas por provas científicas nos Himalaias). Disponível http://harvardforest.fas.harvard. edu/_publications/ pdf / Chaudhary_BioLetters_2012.pdf (Recuperado em 28 de novembro de 2012).
Chaulagain, N.P. 2006. Impactos das alterações climáticas nos recursos hídricos do Nepal. The Physical and Socioeconomic Dimensions. Dissertação apresentada ao Zur Erlangung des Grades: Doktor der Wirtschaftswissenschaften (Dr. rer. Pol.) an der Universität Flensburg.
Chhetri, B.N. e S.S. Shrestha. 2004. The Prospects of Agricultural Adaptation to Climate Change: Climate-Technology Interaction in Rice -Wheat Cropping System in Nepal, Universidade Estatal da Pensilvânia, Departamento de Geografia e Instituto do Ambiente da Pensilvânia e Universidade Estatal da Pensilvânia, Departamento de Economia Agrícola e Sociologia Rural.
CLI. 2009. An Overview of Potential Economic Costs to Washington of a Business- As- Usual Approach to Climate Change, Economic system Publication Washington D.C.
Costanza, R., R. d'Arge, R. de Groot, S. Farber, M. Grasso, B. Hannon, K. Limburg, S. Naeem, R. V. O'Neill, J. Paruelo, R. G. Raskin, P. Sutton e M. van den Belt. 1997. The value of the world's ecosystem services and natural capital. Nature 387: 253-60.
Dahal, N. 2005. Climate Change: Aspectos científicos, impactos e desafios. Documento apresentado na LDTA, Kathmandu. Academia de Formação para o Desenvolvimento Local Jaulakhel, Lalitpur.
Dahal, N. 2006. Implications of Climate Change in Nepal: Some Observations and Opportunities. Documento

apresentado em 23rd Warden Seminar, novembro de 2006, realizado em Pokhara, Nepal.
Daily, G. 1997. Nature's Services: Societal Dependence on Natural Ecosystems. Washington, DC: Island Press.
Dangol, D.R. 2002. Economic use of forest plant resources in western Chitwan, Nepal. Banko Janakari 12 (2): 56-64.
Dangol, D.R. e K.L. Maharjan. 2012. Dinâmica espacial e temporal da flora em ecossistemas de florestas, pastagens e terras comuns do oeste de Chitwan, Nepal.Journal of International Development and Cooperation 18(4): 77-92.
De Groot, R. S. 1992.Functions of Nature: Evaluation of Nature in Environmental Planning, Management and Decision Making. Wolters-Noordhoff, Groningen.
De Groot, R. S. 2000. Funções ecológicas e valores socioeconómicos do capital natural crítico como medida da integridade ecológica e da saúde ambiental. *In:* Crabbe, P. (ed.) Implementing Ecological Integrity. Kluwer Academic publisher.
De Groot, R.S., M.A.Wilson e R.M.J. Boumans. 2002. Uma tipologia para a descrição, classificação e avaliação das funções, bens e serviços ecosistémicos. Ecological Economics 41 (3): 393-408.
De Groot, R.S., M.A.M. Stuip, C. M. Finlayson e N. Davidson. 2006. Valuing wetlands: guidance for valuing the benefits derived from wetland ecosystem services Ramsar Technical report No. 3/CBD, Technical Series No. 27. Montreal, Canadá, Secretariado da Convenção de Ramsar, Gland, Suíça e Secretariado da Convenção sobre Diversidade Biológica.
Democracia subterrânea - arquivos. 2007. Nature - Rainfall Patterns Changing Thanks To Warming-Pattern Outside Of Natural Variability (Natureza - Padrões de precipitação mudando graças ao aquecimento - padrão fora da variabilidade natural). Disponível em: www. democraticund erground.com/discuss/archives (Recuperado em 28 de novembro de 2012).
Dennison, M.S. e J.F. Berry. 1993. Wetlands; Wetland ecology; Classification; Law and legislation; United States. Noyes Publications, Park Ridge, N.J., U.S.A. ISBN 081551333X. 439p.
Dhital, M., N. Khanal e T. Thapa. 1993. The Role of Extreme Weather Events, Mass Movements and Land-use Changes in increasing Natural Hazards. ICIMOD, Kathmandu.
DST. 2008. Reimaginando o Continuum Urbano Rural: Compreender o papel que os serviços ecosistémicos desempenham nos meios de subsistência dos pobres nas regiões de Desakota que estão a sofrer mudanças rápidas. Equipa de Estudo de Desakota (DST) para o Programa de Serviços Ecosistémicos para o Alívio da Pobreza (ESAP) do Conselho de Investigação do Ambiente Natural (NERC). Departamento para o Desenvolvimento Internacional (DfID) e Conselho de Investigação Económica e Social (ESRC) do Reino Unido.
Fahrig, L. 2003. Effect of habitat fragmentation on biodiversity (Efeito da fragmentação do habitat na biodiversidade). Revisão Anual de Ecologia, Evolução e Sistemática 34: 487-515
FAO. 2008. Disponível em: http://www.fao.org/nr/climpag/nri/nephome_en.asp (Recuperado em 28 de novembro de 2012).
Finlayson, A. 1997. Ecosystems and Human Well-being: A Framework for Assessment. Island Press, Washington, Estados Unidos.
Foley, J., J. Rockstrom, W. Steffen, K. Noone, A. Persson, F. S. Chapin, E. Lambin, T. M. Lenton, M. Scheffer, C. Folke, H. Schellnhuber, B. Nykvist, C. A. De Wit, T.
Hughes, S. Leeuw, H. Rodhe, S. Sorlin, P. K. Snyder, R. Costanza, U. Svedin, M. Falkenmark, L. Karlberg, R. W. Corell, V. J. Fabry, J. Hansen, B. Walker, D. Liverman, K. Richardson e P. Crutzen . 2009. Planetary boundaries:exploring the safe operating space for humanity. Ecologia e Sociedade 14(2): 32. Disponível em: http://www. ecologyandsociety.org/vol14/iss2/art32/ (Recuperado em 28 de novembro de 2012).
Garg, Shukla e Kapshe. 2007. Climate Change Impacts to Adaptation: A Development Perspective for India. Natural Resources Forum 31: 132-141.
Gbetibouo, G. A. 2009. Compreender as percepções e adaptações dos agricultores às alterações e variabilidade climáticas. O caso da bacia do Limpopo, África do Sul. Documento de discussão do IFPRI 00849. Instituto Internacional de Investigação sobre Políticas Alimentares (IFPRI), Washington D.C.
GON. 2004. Comunicação Nacional Inicial à COP da UNFCCC. Ministério da População e do Ambiente, Governo do Nepal, Katmandu, Nepal.
Gonzalez, P., R.P. Neilson, J.M. Lenihan J.M. e R.J. Drapek. 2010. Global patterns in the vulnerability of ecosystems to vegetation shifts due to climate change. Global Ecology and Biogeography 19: 755-768.
Grigal, D.F. 2002. Inputs and outputs of mercury from terrestrial watersheds: A review. Environmental Review 10(1): 1-39.
Houghton, J. T., Y. Ding, D. J. Griggs, M. Noguer, P. J. van der Linden e D. Xiaosu. 2001. Climate change: The Scientific Basis. Contributions of Working Group I to the Third Assessment Report of the Intergovernmental Panel on Climate Change. Cambridge University Press. 881p.
ICIMOD. 2007. The melting Himalayas: Regional Challenges and Local Impacts of Climate Change on Mountain Ecosystems and Livelihoods (Desafios regionais e impactos locais das alterações climáticas nos ecossistemas de montanha e nos meios de subsistência). Centro Internacional para o Desenvolvimento Integrado das Montanhas, Katmandu, Nepal.
ICIMOD. 2001. Inventory of Glaciers, Glacial Lakes and Glacial Lake Outburst Floods, monitoring and early warnings systems in the Hindu-Kush Himalayan region, Nepal, publicação do ICIMOD, Khumultar, Kathmandu, Nepal.
IPCC. 2012. Gerir os riscos de fenómenos extremos e catástrofes para promover a adaptação às alterações

climáticas. Relatório especial dos Grupos de Trabalho I e II do Painel Intergovernamental sobre Alterações Climáticas [Field, C.B., V. Barros, T.F. Stocker, D. Qin, D.J. Dokken, K.L. Ebi, M.D. Mastrandrea, K.J. Mach, G.-K. Plattner, S.K. Allen, M. Tignor, and P.M. Midgley (eds.)]. Cambridge University Press, Cambridge, Reino Unido, e Nova Iorque, NY, EUA. 582p.
IPCC. 2001. Relatório de síntese sobre as alterações climáticas: Terceiro Relatório de Avaliação do Painel Intergovernamental sobre as Alterações Climáticas: Cambridge University Press.
IPCC. 2007a. Climate Change Adaptation and Vulnerability, Summary for Policymakers, Painel Intergovernamental sobre as Alterações Climáticas, Genebra, Suíça.
IPCC. 2007b. Alterações climáticas - Impactos, adaptação e vulnerabilidade. Contribuição do grupo de trabalho II para o terceiro relatório de avaliação do painel intergovernamental sobre as alterações climáticas. Parry, M., Canziani, O., Palutikof, J., Van der Linden, P., e Hanson, C. eds. Cambridge University Press, Cambridge, Reino Unido e Nova Iorque, EUA.
IUCN. 2004. Uma análise do estado e das ameaças às zonas húmidas no Nepal: Programa de zonas húmidas e recursos hídricos da IUCN. IUCN, a União Mundial para a Natureza.
Jha, S. 2007. Phytodiversity in Beeshazar Lake and Surrounding Landscape System (Fitodiversidade no lago Beeshazar e sistema paisagístico circundante). A Nossa Natureza 5: 41-51
Joosten, H. e D. Clarke. 2002. Wise use of mires and peat lands: background and principles including a framework for decision-making. International Mire Conservation Group e International Peat Society. 304p.
Karki, M.B.2007. Nepal's Experience in Climate Change Issues, Fourteenth Asia Pacific Seminar on Climate Change, Sydney, Austrália. Disponível em: www.apnet.org /docs/ 14th_Seminar/Karki.pdf (Recuperado em 28 de novembro de 2012).
Kates, R.W. 2000. Cautionary Tales: Adaptation and the Global Poor. Climate Change 45 (1): 5-17.
Keough, J.R., T.A. Thompson, G.R. Guntenspergen e D.A. Wilcox. 1999. Factores hidrogeomórficos e respostas dos ecossistemas nas zonas húmidas costeiras dos Grandes Lagos. Wetlands 19(4): 821-834.
Khanal, R.C. 2005. Climate Change and Organic Agriculture [Mudanças Climáticas e Agricultura Orgânica]. The Journal of Agriculture and Environment 10: 116-127
Leiserowitz, A. 2007. Public perception, opinion and understanding of climate change. Current patterns, trends and limitations. Programa das Nações Unidas para o Desenvolvimento, Nova Iorque.
Lobell D.B., W. Schlenker e J. Costa-Roberts. 2011. Tendências climáticas e produção agrícola global desde 1980. *Science* 333 (6042): 616-620.
Louman, B. 2009. Forest Ecosystem Services: A Cornerstone for Human Well-being (Uma pedra angular para o bem-estar humano). Em Seppala, R., Buck, R. Katila P. 2009. Adaptação das florestas e das pessoas às alterações climáticas. Relatório de Avaliação Global elaborado pelo Painel Mundial de Peritos Florestais sobre a Adaptação das Florestas às Alterações Climáticas. Série Mundial da IUFRO.
Maddison, D. 2007. The perception of and adaptation to climate change in Africa. Documento de trabalho de investigação política 4308. Banco Mundial, Washington D.C.
Malla. G. 2008. Review Paper, Climate Change and its impact on Nepalese Agriculture, The Journal of Agriculture and Environment.
Manandhar, S. 2009. Perceção e adaptação às alterações climáticas pelos agricultores em diferentes zonas ecológicas da região de desenvolvimento ocidental do Nepal. (Tese de mestrado, Instituto Asiático de Tecnologia, 2009). Instituto Asiático de Tecnologia, Banguecoque.
Mayers, S.C. e C. Liquiao. 2007. The Status of Payments for Watershed Environmental Services of Forests in China and its Institutional Analysis [A Situação dos Pagamentos por Serviços Ambientais de Bacias Hidrográficas de Florestas na China e sua Análise Institucional]. The Study of Policies and Legislations Affecting Payments for Watershed Environmental Services. Documento de discussão, IIED, Londres.
McCarthy, J. J., O. F. Canziani, N. A. Leary, D. J. Dokken e K. S. White. 2001. Climate Change 2001: Impacts, Adaptation, and Vulnerability [Alterações Climáticas 2001: Impactos, Adaptação e Vulnerabilidade]. Cambridge University Press, 1032p.
MEA. 2005. Ecosystems and Human Well-being: A Framework for Assessment. Avaliação do Ecossistema do Milénio. Island Pres, Washington, D.C.
MEA. 2003. Ecosystems and Human Well-being: A Framework for Assessment. Avaliação do Ecossistema do Milénio. Island Press, Washington, D.C.
Meire , J.J., K.E. Webster, R.A. Assel, C.J. Bowser, P.J. Dillon, J.G. Eaton, H.E. Evans, E.J. Fee, R.I. Hall, L.R. Mortsch, D.W. Schindler e F.H. Quinn. 2007. Efeitos potenciais das alterações climáticas nos sistemas aquáticos: Laurentian Great Lakes and Precambrian Shield Area. Hydrological Processes 11: 825-871.
Mensing, D.M., S.M. Galatowitsch e J.R. Tester. 1998. Anthropogenic effects on the biodiversity of riparian wetlands of a north temperate landscape. J. Env. Mgmt. 53: 349-377.
Michener, H. A., J.D. DeLamater e D.J. Myers 2004. Social Psychology. Thompson Wadsworth, Austrália. 108p.
Avaliação do Ecossistema do Milénio. 2003. Ecosystems and human well-being: a framework for assessment. Island Press, Washington D.C. 212p.
Avaliação do Ecossistema do Milénio. 2005. Ecosystems and human well-being: synthesis (Ecossistemas e bem-estar humano: síntese). Island Press, Washington D.C. 137p.
Mirza, M. M. Q. 2003. Climate change and extreme weather events: can developing countries adapt? Climate Policy 3 (3), 233-248.
MdE. 2010. Programa de Ação Nacional de Adaptação (NAPA), Governo do Nepal, Ministério do Ambiente,

Singh Durbar, Katmandu.
Mool, P., S.R. Bajracharya e S.P. Joshi. 2001. Inventory of Glaciers, Glacial Lakes and Glacial Lake Outburst Floods: Monitoring and Early Warning Systems in the Hindu Kush-Himalayan Region Nepal. ICIMOD, Kathmandu.
MOPE. 2004. Nepal Initial National communication to conference of parties of the UNFCCC. Ministério da População e do Ambiente, Katmandu, Nepal.
Morin, A. e N. Bourassa. 1992. Modles empiriques de la production annuelle et du rapport P/B d'invert,br, d'eau courante. Canadian Journal of Fisheries and Aquatic Sciences 49: 532-539.
Mulholland, P.J., G.R. Best, C.C. Coutant, G.M. Hornberger, J.L. Meyer, P.J. Robinson, J.R. Stenberg, R.E. Turner, F. Vera-Herrera e R.G. Wetzel. 1997. Effects of climate change on freshwater ecosystems of the south-eastern United States and the Gulf of Mexico. Hydrological Processes 11: 949-970.
Nelson, D.L. e J.C. Quick. 1997. Organizational Behavior: Foundations, Realities, and Challenges (Fundamentos, Realidades e Desafios) St: West Educational Publishing. Universidade do Texas, Arlington.
O'Brien, K., R. Leichenko, U. Kelkar, H. Venema, G. Aandahl, H. Tompkins, A. Javed, S. Bhadwal, S. Barg, L. Nygaard e J. West. 2004. Mapping vulnerability to multiple stressors: climate change and globalization in India. Global Environment Change 14 (4): 303-313.
Oswalt, S.N. , T.G. Johnson, M. Howell e J.W. Bentley. 2009. Flutuações na colheita e remoção de madeira nas florestas nacionais: a perspetiva regional do sul. Boletim de Recursos: Estação de Investigação do Sul. Serviço Florestal do USDA. Documento n.º SRS- 148, 30p.
Pariyar, M.P. e G. Singh. 1994. Modelo baseado em SIG para zonagem agro-ecológica: Um estudo de caso de Chitwan, Nepal.
Pasakhala, B. 2010. Avaliação da vulnerabilidade dos meios de subsistência das pessoas no extremo oeste do Nepal: Implications on Adaptation to Climate Change (Implicações na adaptação às alterações climáticas). Instituto Asiático de Tecnologia. Escola de Ambiente, Recursos e Desenvolvimento, Tailândia.
Patino, L. e D.A. Gauthier. 2009. Integrar a perspetiva local na tomada de decisões sobre alterações climáticas nas zonas rurais das pradarias canadianas. International Journal of Climate Change Strategies and Management 1(2): 179-196.
Pattanayak, S. K. 2004. Valuing watershed services: concepts and empirics from Southeast Asia.Agriculture, Ecosystems and Environment. pp.171-184.
Perry R. I., P. Cury P, K. Brander, S. Jennings, C. Möllmann e B. Planque. 2010. Sensibilidade dos sistemas marinhos ao clima e à pesca: Conceitos, questões e respostas de gestão.
Poiani, K.A., W.C. Johnson, G.A. Swanson e T.C. Winter. 1996. Climate change and northern prairie wetlands: simulations of long-term dynamics. Limnol. Oceanogr. 41: 871- 881.
Poudel, B. e G.P. Upadhaya. 2010. Jalabayu Paribartanma Anukulan: Hamro Lagi UchhaPrthamikta. Em Hamro Sampada, Jalabayu Paribartan ra Nepal. pp. 5-9
Poudel, B.S. 2009. Wetland conservation in Nepal: policies, practices, problems and possibilities (Conservação de zonas húmidas no Nepal: políticas, práticas, problemas e possibilidades). Edição especial de fevereiro de 2009, 5-9Banko Janakari. Disponível em: http:// www.nepjol.info/ index.php/BANKO/article/view/2205 (Recuperado em 28 de novembro de 2012).
Poudel, K. 2007. Climate change. Disponível em: http://www.nepalnews.com /Spotlight, cover story/climate change (Recuperado em 28 de novembro de 2012).
Ação prática 2009. Promover a adaptação às alterações climáticas no Nepal. Practical action Nepal.
Quadir, D.A., M.L. Shrestha, T.M.A. Khan, N. Ferdousi, M. Rahman e A. Mannan. 2004. Variations of Surface Air Temperature Over the Land Areas in and Around the Bay of Bengal. Natural Hazard 31 (2): 561-584.
Convenção de Ramsar sobre Zonas Húmidas.2009. Uma breve história da Convenção de Ramsar. Disponível em: http://www.ramsar.org/cda/en/ramsar-about-history/main/ramsar/1- 36-62_4000_0 (Recuperado em 28 de novembro de 2012).
Reed, S.C., R.W. Crites e E.J. Middlebrooks. 1995 Natural systems for waste management and treatment McGraw-Hill Inc., New York, USA.
Regmi, B.R. e A. Adhikari. 2007. Climate Risk and Vulnerability in Nepal. Country Case Study. Relatório sobre o Desenvolvimento Humano 2007/2008 Fighting Climate Change: Human Solidarity in a Divided World (Solidariedade Humana num Mundo Dividido). Documento ocasional do Gabinete do Relatório sobre o Desenvolvimento Humano do PNUD.
Regmi, B.R., L. Thapa, G.B. Sharma e S. Koirala. 2008. Climate change risk, vulnerability and adaptation strategies at community level. Local Initiatives for Biodiversity, Research and Development (LI-BIRD). Kathmandu, Nepal.
Regmi, H. R. 2007. Effect of unusual weather on cereal crops production and household food security (Efeito de condições meteorológicas invulgares na produção de cereais e na segurança alimentar das famílias). The Journal of Agriculture and Environment. pp. 20-29.
Reid, M., J. Fluin, R. Ogden, J. Tibby e P. Kershaw. 2005. Long term perspectives on human impacts on floodplain-river ecosystems, Murray-Darling Basin, Australia. Verhandlungen der Internationalen Vereinigung für Theoretische und Angewandte Limnologie 28(2):710-716.
Programa Sagun CARE Nepal. 2009. Climate Change Impacts on Livelihood of Poor and Vulnerable Communities and Biodiversity Conservation (Impactos das alterações climáticas nos meios de subsistência das comunidades pobres e vulneráveis e na conservação da biodiversidade): A case study in Banke, Bardia,

Dhasding and Rasuwa District of Nepal, Kathmandu, Nepal.
Sapkota, T. P. 2064. Melting Himalaya Contemporary Problem: One Slogan with various importance", Basnet S.K. (ed.). Kathmandu: Hamro Sampada.
Schulze E.D., E. Beck e K. Müller-Hohenstein. 2005. Plant Ecology. Berlim/Heidelberg: Springer. 702p.
Sedhai, R. 2064. Climate change and its impact on tourism development of Nepal, Basnet S.K. (Ed.). Kathmandu: Hamro Sampada.
Shrestha, A. B., C.P,Wake., J.E., Dibb e P.A. Mayewski. 2000. Precipitation fluctuation in the Nepal Himalaya and its vicinity and relationship with some large scale climatological parameters. Jornal Internacional de Climatologia 20: 317-327.
Shrestha, A.B., C.P. Wake, P.A. Mayewski e J.E. Dibb. 1999. Tendências da temperatura máxima nos Himalaias e na sua vizinhança. Uma análise baseada nos registos de temperatura do Nepal para o período 1971-94. Journal of Climate 12: 2775-2787.
Shrestha, B.M. 2007. Land Use and land use Changes Effects on Organic Carbon Pools, Soil Aggregate Associated Carbon and Soil Organic Matter Quality in a Watershed of Nepal, tese de doutoramento apresentada ao Department of Plant and Environmental Sciences, Norwegian University of Life Sciences, Noruega.
Sitch S., C. Huntingford, N. Gedney, P.E. Levy, M. Lomas, S.L. Piao, R. Betts, P. Ciais, P. Cox, P. Friedlingstein, C.D. Jones, I.C. Prentice e F.I. Woodward. 2008. Evaluation of the terrestrial carbon cycle, future plant geography and climate- carbon cycle feedbacks using five Dynamic Global Vegetation Models (DGVMs). Global Change Biology 14: 2015- 2039.
Skelly, D. K., 1996. Secagem de lagoas, predadores e a distribuição de girinos de Pseudacris. Copeia 3: 599-605.
Smit, B. e J. Wandel. 2006. Adaptation, adaptive capacity and vulnerability (Adaptação, capacidade de adaptação e vulnerabilidade). Global Environmental Change 16: 282-292.
Smith, J.B., S.H. Schneider, M. Oppenheimer, G.W. Yohe e J.P.V. Ypersele. 2001. Vulnerability to Climate Change and Reasons for Concern: A Synthesis. Em McCarthy, J.J. (eds). 2001. Climate change: Impacts, Adaptation and Vulnerability. Contribution of Working Group II to the Third Assessment Report of the Intergovernmental Panel on Climate Change. Cambridge University Press, Cambridge, Reino Unido, e Nova Iorque, N.Y., E.U.A.
Stuip , B., R. Costanza, R. K. Turner e P. Morling. 2002. Defining and Classifying Ecosystem Services for Decision Making. Documento de Trabalho do CSERGE EDM 07-04.
Swift M. J., A. M. N. Izac e M. van Noordwijk. 2004. Biodiversidade e serviços ecossistémicos em paisagens agrícolas: estamos a fazer as perguntas certas? Agric. Ecosyst. Environ. 104: 113-134.
Thomas D., C. Twyman , H. Osbahr e B. Hewitson. 2007. Adaptation to climate change and variability: farmer responses to intra- seasonal precipitation trends in South Africa (Adaptação às alterações e variabilidade climáticas: respostas dos agricultores às tendências de precipitação intra-sazonal na África do Sul). Climatic Change 83: 301-322.
Tiwari, K. R., K.D. Awasthi, M.K. Balla e B.K. Sitaula. 2010. Local people's perception on climate change, its impact and adaptation practices in Himalaya to Terai regions of Nepal. Disponível em http://repository.unm.edu/bitstream/ handle/ 1928/11324 em 29 de dezembro de 2012 (Recuperado em 28 de novembro de 2012).
PNUD. 2008. Relatório sobre o Desenvolvimento Humano 2007/2008 Lutar contra as alterações climáticas: Solidariedade humana num mundo dividido. Programa das Nações Unidas para o Desenvolvimento, Nova Iorque, EUA.
PNUA, 2010. Climate change and biodiversity of European islands from Disponível em: http://www.unepwcmc.org/medialibrary/2012/08/02/cbf3e448/Island Biodiversity Europe.pdf (Recuperado em 5 de junho de 2013).
UNFCC. 2007. Alterações climáticas: Impacts, Vulnerabilities and Adaptation in Developing Countries (Impactos, Vulnerabilidades e Adaptação nos Países em Desenvolvimento). Convenção-Quadro das Nações Unidas sobre Alterações Climáticas, Bona, Alemanha.
UNFCCC. 2001. Convenção-Quadro das Nações Unidas sobre as Alterações Climáticas. Disponível em: http://unfccc.int/resource/docs/_cop7/13a02.pdf (Recuperado de em 13 de setembro de 2012).
Varvasovszky, Z. e R. Brugha. 2000. How to do (or not to do): A Stakeholder Analysis. Health Policy and planning 15: 338-345.
Verhoeven, J.T.A., B. Arheimer, C.Q. Yin e M.M. Hefting. 2006. Regional and global concerns over wetlands and water quality. Tendências em Ecologia e Evolução 21 (2): 96-103.
Watson, R.T., M.C. Zinyoera e R.H. Moss. 1998. The Regional Impacts of Climate Change: Scientific-Technical Analysis. Contribuição do Grupo de Trabalho II para o Segundo Relatório de Avaliação do Painel Intergovernamental sobre Alterações Climáticas. Cambridge University Press.
WDR. 2008. Relatório sobre o Desenvolvimento Mundial 2008. Agricultura para o Desenvolvimento. Disponível em: http://web.worldbank.org/wbsite/external/extdec/extresearch/extwdrs/0,content MDK:23062293~pagePK:478093~piPK:477627~theSitePK:477624,00.html (Recuperado de em 13 de setembro de 2012).
Wikipédia. 2013. Classificação das plantas. Disponível em: http://en.wikipedia.org/wiki/ Classification_of_plants (Recuperado de em 13 de setembro de 2012).
Wilcox, D.A. e J.E. Meeker. 1992. Implicações para o habitat faunístico regulado pela alteração da estrutura

das macrófitas em lagos regulados no norte do Minnesota. Wetlands 12:192203.
Williamson, C.E., J.E. Saros e D.W. Schindler. 2009a. Climate change: Sentinelas da mudança. Science 323: 887-888.
Williamson, C.E., J.E. Saros, W.F.Vincent e J.P. Smol. 2009b. Lakes and reservoirs as sentinels, integrators, and regulators of climate change (Lagos e reservatórios como sentinelas, integradores e reguladores das mudanças climáticas). Limnology and Oceanography 54: 2273- 2282.
WWF. 2005. An Overview of Glaciers, Glacier Retreat, and Subsequent Impacts in Nepal, India and China [Uma visão geral dos glaciares, do recuo dos glaciares e dos impactos subsequentes no Nepal, Índia e China]. World Wide Fund for Nature, Katmandu, Nepal.
Yohe, G. e R. Tol. 2002. Indicators for social and economic coping capacity moving towards a working definition of adaptive capacity. Global Environmental Change 12 (1): 25-40.
Zedler, J.B. e S. Kercher. 2005. Recursos das zonas húmidas: Status, trends, ecosystem services, e restaurabilidade. Revista Anual de Meio Ambiente e Recursos 30: 39-74.

APÊNDICES

Apêndice 1. Sítios Ramsar do Nepal

Sítios Ramsar	Área (Hectares)	Localização	Zona	Elevação (m) Aprox.	Designação de Ramsar
Koshi Tappu	17500	Sunsari	Terai	90	1987/12/17
Beeshazariand	3200	Chitwan	Terai	285	2003/08/13
Lagos associados					
Lago Ghodaghodi	2563	Kailali	Terai	205	2003/08/13
Gokyo e associados	7770	Solukhumbu	Himal	5000	2003/09/23
Lagos					
Gosaikundae	1030	Rasuwa	Himal	4700	2003/09/23
Lagos associados					
Reservatório de Jagadishpur	225	Terai	Terai	195	2003/08/13
Mai Pokhari	90	Ilam	Meio da colina	2100	2008/10/28
Lago Phoksundo	494	Dolpa	Himal	3610	2003/09/23
Lago Rara	1583	Mugu	Himal	2990	2003/09/23

Fonte: (Poudel, 2009; Wetlands International/Ramsar, 2009).

Apêndice 2. Questionário para o inquérito às famílias

Este inquérito é utilizado para um estudo independente para cumprimento do grau de MSc. Ag (ecologia da conservação) no Departamento de Ciências Ambientais, no IAAS, Rampur, Chitwan. No inquérito, pede-se que forneça os seus sentimentos reais e a utilização dos recursos do Parque. As vossas respostas sinceras são muito úteis para o estudo. Este inquérito é anónimo. O inquérito demorará cerca de **30** minutos.

Agradecemos desde já a vossa colaboração!

Subodh Khanal

A. Questionário aos agregados familiares **Informações gerais**

Nome do agricultor		Tempo	De a	Controlado por	
Nome do entrevistador		Código do questionário		Data	

1. Informações demográficas e socioeconómicas

Nome do agregado familiar:		N.º de anos de estadia aqui:	
Idade:		Local onde viveu anteriormente:	
*Papel na família:		Género:	
Tamanho da família:		**Estatuto académico:	
		***Fonte principal de rendimento:	

	Estoque vivo que possui							
	Gado	Búfalo	Cabra	Ovinos	Aves de capoeira	Pato	Outros	Nada
Número								

Chave:

*O papel na família é: Chefe de família (marido), mulher do agregado familiar, filha, filho, outros (incluindo familiares, avó e avô)

**Estatuto educacional significa: Analfabeto=incapaz de ler e escrever; Alfabetizado=capaz de ler e escrever; primário=grau 1-5; médio=grau 6-8; secundário=grau 9-12; nível superior (faculdade ou universidade) =BSc, MSc e outros.

*** Principal fonte de rendimento: Agricultura, comércio, empregados, Agricultura e comércio, outros (especificar)

Idade: 20-35 anos, 36-50 anos, 51-65 anos, mais de 65 anos

1 como ... ecossistema natural protegido de zonas húmidas fornece um grande número de funções. Estas funções, por sua vez, fornecem vários bens e serviços à população local e, em geral, aos seres humanos. Os serviços incluem alimentos, abastecimento de água, matérias-primas, serviços medicinais, culturais, etc. Aqui é-lhe pedido que escolha/liste os serviços que obtém e que identifique a(s) unidade(s) de paisagem de onde obtém esses serviços.

S.N.	Função/Serviços	Nome dos serviços (assinalar o serviço que obtém)	Utilização: para venda ou para uso doméstico, ou para ambos)	Unidade de paisagem que obtém de: e valor
1.	Alimentação:	Peixe :		
		Grãos		
		Frutos		
		Produtos de origem animal		
		Outros (se for o caso, especificar)		

2.	Matérias-primas, fontes de energia	Madeira de construção (para casa, vedação)		
		Lenha para carvão vegetal		
		Lenha		
		Fabrico de ferramentas (agrícolas, mobiliário doméstico)		
		Produtos da fauna selvagem (pele, dentes, cornos, etc.)		
		Gramíneas como forragem		
		Gramíneas de colmo		
		Folhas e frutos de plantas como forragem		
		Areia para construção		
		Termite Hill (solo argiloso)		
		Outros (especificar)		
3.	Recursos úteis medicinais (drogas e tradições)			

2. Na tabela seguinte, identifique as fontes de água e a finalidade para a qual está a utilizar a água do ecossistema

S. N.	Recurso hídrico que utiliza	Utilização da água para (irrigação, beber; animais e/ou humanos, nadar e/ou tomar banho, lavar roupa, outros). É possível mais do que uma escolha

3. a. Tem terras dentro da área que utiliza para a sua subsistência?

SimNão

Variável: Ter terras
Código da variável: Sim = 1, Não = 0
b) Em caso afirmativo, no quadro seguinte, mencione o tipo de terreno, a sua localização e a dimensão do terreno que possui.

S.N.	**Tipo de terreno que possui** (pode escolher mais do que uma opção)	**Localização do terreno:**	Tamanho do terreno (ha)

4. Onde é que leva frequentemente o seu gado para pastar?
Área florestal para floresta e zonas húmidas para terras agrícolas terras em pousio outras
Outro local (especificar): ____________________
Variável: local de pastagem
Código da variável: Zona florestal = 1, zonas húmidas = 2, terras agrícolas = 3, pousios = 4, outros = 5
5. Onde vai para se divertir quando tem tempo livre?
Para o bosque para o miradouro para observar a beleza das paisagens Para os lagos para observar as aves Para desfrutar de bebidas
Para locais religiososoutros (especificar)

Variável: Local de recreio
Código da variável: Florestas = 1, miradouro = 2, lagos para observar aves = 3, ilhas de lago = 4, desfrutar de bebidas = 5, locais religiosos = 6, outros = 7

6. Na zona das zonas húmidas, na sua opinião, o que prefere que a zona seja no futuro?

Terras agrícolas conservadas Florestas Terras de pastagem Terras comunais bem protegidas Parque
Terras agrícolas e pastagens Outros (especificar)
Variável: A sua preferência futura pela zona
Código da variável: Terras agrícolas = 1, floresta protegida = 2, pastagens = 3, terras de acesso livre = 4, parque protegido = 5, terras agrícolas e pastagens = 6 outros = 7

7. Porque é que gosta mais de viver dentro, junto ou perto da zona húmida?

Melhor ambiente de vida Finalidade recreativa Falta de terrenos noutros locais
Benefícios culturais
Presença de vida selvagemFácil acesso à zona do parque Local onde nasci e onde vive a minha família
Variável: Razão pela qual escolheu viver aqui (na zona e arredores)
Código da variável: Melhor ambiente de vida = 1, Actividades recreativas = 2, Falta de terra para a instalação e subsistência =
3, benefício cultural = 4, procura de vida selvagem = 5, acesso fácil à terra = 6, local onde nasci = 7

8. Se a zona húmida for bem mantida e protegida, quais são os seus benefícios?

Preserva os valores culturais da zonaNão tem qualquer vantagem para mim
melhora os recursos
Melhora os serviços que recebo Promove a atração turística Mantém o ecossistema de forma sustentável
Outros (especificar): ____________________
Variável: benefício da proteção da zona
Código da variável: Preserva os valores culturais =1, não traz benefícios para mim = 2, melhora o recurso = 3, promove a atração turística = 4, mantém o ecossistema sustentável = 5, outros = 6

9. Pensa que as espécies vegetais/animais da zona ainda poderão ser utilizadas no futuro (para as gerações futuras)?

SimNão

Variável: Sustentabilidade das espécies existentes
Código da variável: Sim = 1, Não = 0

10. a) Obtém rendimentos da zona húmida?

SimNão

Variável: rendimento das zonas húmidas
Código da variável: Sim = 1, Não = 0
b) Em caso afirmativo, que tipo de rendimento?
Salário de guia de turistasVenda de materiais (por exemplo, madeira), lenha, carvão vegetal, etc.)
Preparação de artesanato para venda a turistasOutros (especificar)
Variável: tipo de rendimento:
Código da variável: Salário = 1, guiar turistas = 2, vender materiais = 3, vender artesanato para vender aos turistas = 4, outros = 5

12. a) Foi consultado para a gestão das zonas húmidas?

SimNão

Variável: participação na gestão da zona húmida
Código da variável: Sim = 1, Não = 0
b) Se lhe perguntarem agora, qual é a sua sugestão/contributo?
c) Qual é agora a relação entre a direção e o utilizador?
Variável: Relação de cooperação
Código da variável: positivo = 1, negativo = 0

13. Acha que as alterações climáticas afectaram as zonas húmidas da sua região?

Sim não

14. Em caso afirmativo, como pensa que é afetado?

a. alteração do caudal(1) b. degradação da qualidade(2) c. perda de biodiversidade(3) d, outros(4) (dê a sua opinião)

15. Em caso afirmativo, quais são as estratégias de adaptação adoptadas?

Para serviços culturais:

1. Existe(m) algum(ns) local(is) na zona húmida e à sua volta que você e o seu povo considerem sagrado/histórico e que esteja(m) protegido(s) de perturbações?

SimNão

Em caso afirmativo, preencher o quadro seguinte.

S.N.	Nome do local (nome tradicional/comum)	

2. Existe alguma tradição de que alguma(s) árvore(s) e/ou animal(ais) que você e o seu povo consideram sagrada(s)/holística(s) se encontra(m) dentro da zona húmida?

SimNão

Em caso afirmativo, indicar o nome e a frequência das suas visitas

S.N.	Nome da árvore/animal sagrado	Com que frequência se desloca ao local para rezar (diariamente, mensalmente, sazonalmente, anualmente)

3. Tem alguma regra tradicional relacionada com a floresta, os lagos ou outro local no Parque que ainda esteja a funcionar para proteger os locais sagrados?

SimNão

Em caso afirmativo, preencher o quadro seguinte

S.N.	Nome da regra tradicional	Quem protege a zona (habitantes locais, autoridades locais, outros, especificar)

4. Há alguma cerimónia/festa/reunião religiosa tradicional na sua aldeia que esteja relacionada com as florestas/água/natureza e com os materiais que são utilizados da natureza?

SimNão

Em caso afirmativo, preencher o quadro seguinte.

Nome da reunião	Local de reunião	Com que frequência vai (diariamente, mensalmente, sazonalmente, anualmente)

Questionário sobre o ecossistema e as alterações climáticas

1. Acha que a nossa vida está a ser afetada pela mudança do ecossistema?

SimNão

2. Em caso afirmativo, como é que a nossa vida é afetada pelas alterações do ecossistema?

Inundações Doenças AlimentaçãoMigraçãoValor do imóvel
Outros (especificar)
Código:
Inundação=1, doença=2, alimentação=3, migração=4, valor da propriedade=5, outros=6

3. Porque é que, afinal, os nossos ecossistemas estão a mudar?

Procura de alimentos e energia Concentração de terrasAlterações climáticas
Crescimento da populaçãoOutros (especificar)
Código: procura=1, concentração de terras=2, alterações climáticas=3, crescimento demográfico=4, outros=5

4. Que processos estão a provocar diretamente mudanças nos nossos serviços ecosistémicos?

Alterações climáticas desflorestação poluição da água fragmentação dos rios
Outros (especificar)
Código: alterações climáticas=1, desflorestação=2, poluição da água=3, fragmentação=4, outros=5

5. Que serviços ecosistémicos são afectados positiva ou negativamente?

Alimentação Energia Controlo de doenças Recreação Qualidade da água Biodiversidade, Cultura. Outros

Código: alimentação=1, energia=2, doenças=3, recreação=4, qualidade da água=5, bio diversidade=6, cultura=7, outros=8

6. Qual é o estado e as tendências dos serviços ecosistémicos selecionados?

Bomdegradação constante degradação rápida degradação lenta

Código: bom=1, constante=2, a degradar-se rapidamente=3, a degradar-se lentamente=4

7. Quais são os principais factores que afectam os serviços ecosistémicos?

Crescimento demográfico sobre a extracçãopoluição fragmentação

Alterações climáticasoutros

Código: Crescimento populacional=1, extração excessiva=2, poluição=3, fragmentação=4, alterações climáticas=5, outros=6

8. Qual é a sua perceção da mudança de temperatura?

Aumento do calor não diminuição das ideias

Código: Aumentou=1 diminuiu=2 não faço ideia=3

9. Qual é a sua perceção sobre a ocorrência de secas?

Grave frequente constante

Código: Grave=1, frequente=2, constante=3

10. Qual é a sua perceção sobre a ocorrência de inundações?

Frequente constante pouco importante

Código: Frequente=1, constante=2, pouco=3, importante=4

11. Qual é a sua perceção sobre o stock de alimentos e o verão?

Diminuição inalterada aumento

Código: Diminuição=1, inalterado=2, aumento=3

12. Qual é o efeito das alterações climáticas no nível de vida?

Aumento do estatuto de rendimentodiminuição do estatuto de rendimento

Código: Aumento da situação do rendimento=1 diminuição da situação do rendimento=2

13. Quais são as outras causas, para além das alterações climáticas, que podem afetar o nível de vida?

Doença poluição estilo de vida dispendioso desflorestação

Código: doença=1, poluição=2, estilo de vida dispendioso=3, desflorestação=4

14. Que limiares ou mudanças irreversíveis foram observados nos serviços ecosistémicos devido às alterações climáticas?

15. Qual é a vulnerabilidade das pessoas devido às alterações climáticas?

16. Quais são as diferentes estratégias de adaptação?

Questionário para inquérito turístico:

Informações gerais sobre os inquiridos

Nome do turista/visitante:		O seu país de origem:	
Idade		Número de dias de estadia:	
Sexo		Nível de escolaridade*:	
Ocupação		Rendimento mensal (apenas para turistas nepaleses) :†	

Tipo de turista	Nacionais Estrangeiros	Local de estadia (se a estadia for superior a um dia)	

* Nível de instrução: sem instrução, estudante, 10.º ou 12.º ano completo, nível de instrução superior (faculdade ou universidade) = licenciatura, mestrado e outros.
Tipo de turista/visita: estrangeiro = 1, local/doméstico = 2
Nível de instrução: sem instrução =1; estudante = 2; 10º ano 12º ano completo = 3; nível superior = 4; outros = 5
* Rendimento mensal (em NRs.):
Código da variável:
Idade: Menos de 20 anos = 1, 36-50 anos =2, 51-65 anos=3, mais de 65 anos=4
Sexo: Masculino = 1, Feminino = 2;

1. Já visitou a Areabe antes .... ?
SimNão

Variável: visitado
Código da variável: Sim = 1, Não = 0

2. Se a sua resposta à pergunta 1 for afirmativa, quantas vezes visitou a zona?

Variável: Número da sua visita
Código da variável: 1-3 vezes = 1, 3-5 vezes = 2, 5 -10 vezes = 3, mais de 10 vezes = 4

3. Em primeiro lugar, o que o motivou a visitar a zona húmida? Selecione a(s) sua(s) motivação(ões) assinalando na caixa

Presença de um ambiente serenoPresença de espécies de aves únicasLivre/precoce taxa de entrada
Instalações do parquePonto de observação de belas paisagensAcessibilidade
Outros (especificar) ________________________________
Variável: Motivo da visita
Código da variável: presença de um ambiente sereno = 1, presença de espécies únicas de mamíferos = 2, presença de espécies únicas de aves = 3, taxa de entrada justa = 4, instalações = 5, belas paisagens = 6, acessibilidade = 7, outros = 8

4. Como é que soube da zona pela primeira vez?

Guia de viagem, Brochura Agência de viagensPosto de turismo
De familiares e/ou amigos
Meios de comunicação social (TV, jornais, revistas, etc.) GuiaEspecifique por favor):
Variável: Ouvir falar da zona
Código da variável: Guia, brochura = 1, agência de viagens = 2, posto de turismo = 3, de familiares ou amigos = 4, meios de comunicação social = 5, outros meios = 6

5. No quadro seguinte, é-lhe pedido que identifique a(s) razão(ões) por que visitou ou gostaria de voltar a visitar a zona. A partir das listas apresentadas, escolha (assinale) o(s) motivo(s) da sua visita na coluna **5A e** classifique também a importância da sua visita, de **muito importante a pouco importante (na coluna 5B)**, em relação ao objetivo da sua visita.

Mais importante= 4, importante= 3, menos importante=2, não importante=1

S.N.	5A	5B (Importância)
	Motivo para vir para cá (alternativas) assinale a(s) sua(s) escolha(s)	
1.	Para fins recreativos: escolha o objetivo específico de que pretende usufruir (faça um círculo à volta da sua escolha) 1. Pela beleza da paisagem 2. Para observar a vida selvagem, como as aves 3. Ambos 1 e 2	

2.	Visitar património cultural/local(is) sagrado(s)	
3.	Para fins científicos (investigação)	
4.	Objetivo educativo	
5.	Para o acampamento	
6.	Atividade organizada (excursão/visita guiada), quem organizou a atividade:	
7.	Outro(s) motivo(s), Especificar..	

6. Está satisfeito com o que visitou na zona? Se a resposta for **afirmativa, passe à pergunta** 7, mas se a resposta for **negativa, passe à pergunta 8.**

SimNão

Variável: satisfeito com a sua visita
Código da variável: Sim = 1, Não = 0

7. Se a sua resposta à pergunta 6 for **SIM**, selecione a área de que mais gostou

O ambiente serenoespécies únicas de mamíferos
Belos miradouros e paisagensespécies de aves únicas
Zona húmida a floresta
Outros ____________________________

Variável: classificação da componente de que mais gostou
Código da variável: ambiente agradável = a, espécies únicas de mamíferos = b, pontos de vista e paisagens = c, espécies únicas de aves = d, zonas húmidas = e, floresta = f, outros = g

8. Se a sua resposta à pergunta 6 acima for NÃO, de que serviços e/ou instalações do parque sentiu falta na Área? Mencionar no espaço fornecido abaixo.____

Appendix 3. Listas de controlo para outros serviços/autoridades de gestão

1. Qual é o objetivo (papel) do seu gabinete no que diz respeito à conservação dos recursos naturais nas zonas húmidas? Tem um papel específico?
2. Que benefícios obtêm especificamente as populações locais destas zonas húmidas?
3. Como está a trabalhar com as populações locais para integrar a existência das zonas húmidas nas povoações?
4. Qual é a sua opinião sobre a utilização e a gestão sustentáveis dos recursos naturais e das zonas húmidas, da fauna selvagem (aves e mamíferos)?
5. Como está a trabalhar com a população e a administração locais para resolver os problemas e a degradação ambiental da região?
6. Está a trabalhar com alguma atividade de desenvolvimento? Se sim, qual é o seu papel? E o papel?
7. Quais são as possíveis causas da deterioração dos serviços ecosistémicos derivados? E existe alguma ligação possível com a mudança climática também?
8. Em que medida as comunidades são vulneráveis às alterações climáticas? Existe alguma estratégia de adaptação desenvolvida a nível das explorações agrícolas?
9. Qual é o papel da sua organização no desenvolvimento dessas estratégias?

Lista de controlo para o debate do grupo focal

10. Esta comunidade registou alguma alteração de temperatura nos últimos 32 anos?
11. Indicar que tipo de alterações?
12. Qual é a sua opinião sobre o impacto destas alterações na agricultura, nos serviços ecossistémicos, nos recursos hídricos e na propagação de doenças?
13. Quais são as medidas adoptadas para fazer face a estas variações de temperatura?
14. Esta comunidade registou alguma alteração no padrão de precipitação nos últimos 32 anos?
15. Indicar que tipo de alterações (aumento/diminuição)

16. Sente as seguintes situações? a) Precipitação invulgar b) Precipitação intensa de uma só vez c) Estações chuvosas longas d) Atraso no início das monções (no início das monções) e) Seca mais prolongada f) Precipitação no inverno (aumento/diminuição)
17. Quais são, na sua opinião, as consequências da alteração do padrão de precipitação em? a) Agricultura (aumento/diminuição do rendimento agrícola) b) Recursos hídricos (aumento/diminuição da disponibilidade de água, frequência das cheias, seca)c) Serviços ecossistémicos (aumento/diminuição)
18. O que estão a fazer para fazer face a estas alterações da precipitação? (Atrasar as culturas, nova variedade de plantações, etc.)
19. Notou alguma alteração no padrão do vento nesta zona?
20. Houve alguma seca prolongada nesta zona nos últimos anos? Quanto tempo durou? Quais são os impactos e como os atenuam?
21. Recenseamento dos novos problemas emergentes relacionados com o clima (agricultura, alteração das caraterísticas das florestas, épocas de floração e frutificação, alterações dos recursos hídricos, problemas de saúde, pragas e doenças)
22. Medidas adoptadas para fazer face a estes problemas (alteração do padrão de consumo, utilização de fertilizantes e estrume, migração)

Appendix 4. Lista de controlo para a entrevista com informadores-chave

1. Informações sobre as tendências observadas em matéria de pluviosidade, temperatura e catástrofes naturais.
2. Informação sobre fontes e utilização dos recursos hídricos, grau de dependência e utilização dos recursos florestais e das zonas húmidas, área florestal da zona de investigação)
3. Alterações recentemente observadas nos recursos florestais, hídricos e das zonas húmidas.
4. Recenseamento dos novos problemas emergentes relacionados com o clima (agricultura, alteração das caraterísticas das florestas, épocas de floração e frutificação, alterações dos recursos hídricos, problemas de saúde, pragas e doenças)
5. Perfil da administração local, ONG, ONGI, gabinete governamental, outra organização externa.

Appendix 5. Dados climáticos da estação meteorológica de Rampur, Chitwan, Nepal

Apêndice 5 a. Temperaturas máximas registadas em °C durante o período de 1980-2012 na Estação Meteorológica de Rampur, Chitwan

Ano(AD)/mês	Jan	Fev	Mar	abril	maio	Jun	Jul	agosto	setembro	outubro	Nov	Dez
1980	22.1	25.1	30.2	38.2	34.7	33.0	32.5	32.5	32.1	30.4	27.7	24.1
1981	22.3	25.7	30	32	33	34.5	31.5	31.9	31.6	30.6	26.7	23.4
1982	22.9	23.5	28.4	33.6	37.3	32.6	32.4	32.9	31.2	29.9	25.5	22.6
1983	21.4	25.0	31.2	34.3	33.9	37.1	34.1	34.3	33.5	32.6	29.7	24.4
1984	22.4	25.9	32.8	37.8	34.7	33.9	32.5	35.1	31.6	33.1	28.8	24.2
1985	24.0	26.5	33.9	37.8	35.7	35.1	32.7	34.6	32.8	31.2	28.8	24.8
1986	24.0	26.4	32.8	35.0	35.4	36.2	33.0	33.9	32.1	30.6	28.0	24.7

1987	24.2	27.1	30.5	35.9	36.5	35.4	31.5	32.2	32.8	31.0	28.9	25.0
1988	24.5	28.0	31.5	36.0	35.9	34.2	32.9	32.8	33.4	32.8	29.6	25.5
1989	22.0	25.3	31.3	37.0	36.8	34.4	31.9	33.7	32.3	32.4	27.7	23.7
1990	24.2	25.2	29.2	34.8	34.5	35.1	32.3	33.3	32.5	31.2	29.8	24.7
1991	22.5	28.0	32.7	36.0	36.5	34.1	33.5	33.3	33.0	32.2	27.9	24.1
1992	22.1	23.6	32.6	38.2	35.7	36.8	33.3	33.5	33.0	31.1	28.5	23.7
1993	20.9	27.2	30.1	34.2	34.3	35.0	34.0	32.6	32.4	32.4	28.7	25.8
1994	24.2	26.0	32.0	36.8	38.2	35.9	34.6	34.5	33.3	32.2	28.9	24.7
1995	21.6	25.9	31.3	37.1	39.1	33.7	33.6	33.9	33.0	32.7	28.8	23.9
1996	22.0	25.8	31.8	36.5	37.6	34.0	33.1	33.4	33.3	30.5	28.8	24.8
1997	22.4	25.0	31.5	32.5	36.2	36.4	34.4	33.8	33.2	31.1	28.3	22.2
1998	20.2	26.1	28.5	33.7	36.5	36.8	32.7	33.0	33.9	33.2	29.4	25.2
1999	22.9	28.2	33.5	37.9	34.8	34.4	33.0	33.0	33.5	32.2	28.9	25.3
2000	22.1	24.6	31.3	35.4	34.1	34.2	33.6	33.3	32.9	33.5	28.8	25.3
2001	23.2	27.2	33.0	36.7	34.6	34.2	33.9	34.4	33.0	32.8	29.0	23.7
2002	23.6	27.4	32.0	34.3	33.9	35.2	33.4	34.3	33.4	32.4	29.6	24.5

2003	20.5	26.0	29.6	34.8	35.5	34.2	33.7	33.9	33.2	32.8	29.0	24.7
2004	21.3	26.4	33.2	33.4	34.9	34.6	33.0	34.5	33.3	31.5	28.1	24.7
2005	23.2	26.3	32.4	36.2	35.9	36.6	33.1	33.0	34.5	31.5	28.2	25.0
2006	23.0	28.5	32.4	34.8	35.1	34.7	34.3	34.7	33.4	32.9	28.5	24.3
2007	22.3	24.4	30.0	35.4	36.4	34.7	32.5	33.9	32.5	32.3	29.7	24.4
2008	22.3	24.3	31.4	35.8	35.5	33.2	33.2	32.5	33.1	31.3	28.1	24
2009	23.38	27.74	32.4	37.36	35.53	35.05	33.84	32.62	33.6	31.22	27	23.45
2010	20.03	25.36	33.1	38.09	35.18	35.4	33.54	33.49	32.76	31.44	27.11	24
2011	20.3	26.1	31.1	34.6	34.05	34	32.6	33	32.87	32	26.2	29.1
2012	20.9	25.1	30.2	34.32	36.82	35.14	33.34	33.75	32.66	31.1	27.5	22.55

Apêndice 5b. Temperatura mínima registada em °C durante o período de 1980-2012 em Rampur Estação Meteorológica, Chitwan

Ano(AD)/mês	Jan	Fev	Mar	abril	maio	Jun	Jul	agosto	setembro	outubro	Nov	Dez
1980	6.9	8.8	13.0	17.5	22.0	24.3	24.8	24.6	23.3	18.7	11.3	9.0
1981	7.5	8.7	12.9	18.4	21.3	23.8	24.4	24.2	23.0	18.0	11.3	6.5
1982	9.4	9.7	15.2	17.3	19.9	20.2	22.7	25.0	23.4	17.8	13.4	8.7
1983	6.0	6.4	11.1	16.8	22.1	25.1	25.5	25.8	24.8	19.6	11.9	7.4
1984	6.1	7.9	13.3	17.9	23.3	25.3	25.2	25.5	23.6	19.0	ADN	9.2
1985	7.7	7.9	13.5	19.2	21.9	23.5	24.3	24.8	22.9	19.7	12.5	10.1
1986	8.2	9.5	12.8	17.8	20.7	24.7	24.4	24.3	22.6	17.2	11.6	7.4
1987	6.8	9.5	12.6	15.9	18.0	24.5	24.6	24.4	24.6	20.2	13.7	10.1

1988	8.2	10.6	12.8	17.5	22.1	24.4	24.7	ADN	23.1	18.8	10.8	10.0
1989	6.8	7.1	12.9	15.3	22.2	25.1	25.0	25.3	24.7	19.9	12.4	7.9
1990	9.2	10.6	13.0	17.9	22.9	25.7	25.7	25.6	24.6	19.0	13.3	9.3
1991	7.4	9.6	14.2	17.7	23.0	25.2	25.8	25.4	24.6	19.2	11.2	8.0
1992	7.8	8.8	12.5	17.3	21.6	24.5	24.9	25.4	23.9	20.0	12.9	9.2
1993	8.9	10.9	11.3	17.8	22.7	24.8	25.9	25.8	24.1	19.9	14.8	8.7
1994	9.3	9.3	15.6	17.9	22.6	25.3	25.8	25.6	24.3	19.3	12.4	8.2
1995	7.1	9.7	12.8	16.5	23.8	25.8	25.7	25.4	24.5	20.5	14.2	10.6
1996	9.2	10.4	15.2	17.0	22.3	24.5	25.5	25.4	24.6	19.9	14.1	8.6
1997	6.7	7.1	12.8	17.7	20.7	24.2	25.6	25.4	24.3	17.8	13.9	10.1
1998	8.6	10.2	13.3	18.8	23.9	26.2	25.6	25.6	25.3	22.8	16.7	12.4
1999	7.8	10.8	11.9	20.1	22.8	24.2	25.4	25.2	24.8	20.6	14.2	10.0
2000	8.2	8.1	12.1	18.4	23.3	25.0	25.4	25.5	24.1	20.2	15.9	8.1
2001	7.0	9.9	12.3	18.1	23.0	24.9	25.6	25.3	24.1	20.4	14.6	9.8
2002	8.4	10.9	14.5	19.6	22.9	24.7	25.1	25.3	23.4	19.3	13.9	9.8
2003	7.9	10.5	14.2	19.6	21.2	24.3	25.4	25.6	24.8	20.9	15.1	9.2
2004	9.0	10.3	15.8	20.2	22.6	24.4	25.3	25.9	24.4	18.8	13.0	9.7
2005	9.1	10.6	15.3	17.4	21.6	24.9	25.5	25.5	25.1	19.9	13.0	8.8
2006	8.0	14.0	12.8	18.5	23.2	24.6	26.2	25.5	24.0	19.9	14.6	10.5
2007	7.8	11.5	13.4	19.8	23.1	24.7	25.4	25.5	24.3	21.3	13.9	8.9
2008	8.5	7.6	14.7	18.9	22.3	25.1	25.7	25.5	24.3	19.7	13.8	12
2009	10.96	12.39	16.88	23.52	25.09	27.1	29.01	26.75	26.75	26.44	22.46	11.3
2010	10.34	11.91	19.11	23.31	25.4	26.95	26.47	26.68	24.8	22.8	17.01	9.13
2011	8.23	15.05	18.93	19.55	22.32	24.18	24.08	24.02	23.59	23.59	12.93	8.5
2012	7.44	7.48	11.9	18.03	26.1	24.39	23.58	28	26.84	15.3	7.5	5.95

5c. Precipitação mensal anual medida em mm durante o período de 1980-2012 na Estação Meteorológica de Rampur, Chitwan, Nepal

Ano(AD)/mês	Jan	Fev	Mar	abril	maio	Jun	Jul	agosto	setembro	outubro	Nov	Dez
1980	0.1	0.0	26.9	7.4	167.7	328.4	374.2	375.6	256.3	52.2	0.0	2.8
1981	51.5	0.0	55.8	136.5	219.7	271.6	677.5	445.7	473.5	0.4	25.0	0.0

1982	19.2	8.3	51.9	79.2	21.0	538.0	491.9	455.0	310.3	8.3	9.9	4.1
1983	15.1	0.2	6.4	29.1	169.3	92.2	740.3	321.6	165.2	121.4	0.0	15.0
1984	38.9	10.6	4.9	16.6	287.3	386.1	657.8	299.6	388.3	48.8	0.0	12.5
1985	10.7	11.2	0.0	11.4	195.5	201.8	713.0	319.3	421.7	181.2	2.2	65.0
1986	0.0	20.2	0.0	45.3	85.4	290.6	389.7	443.4	200.9	112.3	0.7	54.3
1987	0.5	11.3	26.6	47.4	100.9	246.2	836.7	360.7	161.0	193.3	0.0	11.3
1988	0.0	2.7	38.2	92.2	220.4	205.6	491.1	524.4	150.5	14.9	4.8	32.5
1989	47.6	1.1	26.3	0.1	162.8	394.5	667.7	192.1	290.0	40.5	0.3	1.4
1990	0.0	29.8	34.4	26.5	131.8	285.0	478.1	298.8	272.0	85.0	0.0	1.8
1991	17.2	8.4	23.7	21.0	113.9	322.4	523.8	441.2	331.6	0.0	0.0	57.3
1992	6.4	9.5	0.0	29.4	62.2	194.7	530.2	429.4	187.5	139.1	7.7	0.7
1993	3.9	9.1	49.4	82.5	190.5	258.3	309.1	615.1	246.7	99.9	0.6	0.0
1994	39.9	32.6	9.3	24.8	123.4	406.3	419.7	400.3	483.5	3.6	0.0	4.2
1995	1.5	22.9	5.9	36.0	152.9	507.4	479.4	454.6	196.4	42.5	58.9	3.5
1996	55.7	40.4	0.0	6.0	113.6	364.2	482.7	341.8	261.6	117.8	0.0	0.0
1997	13.4	1.5	2.9	144.6	83.4	321.7	583.2	481.3	290.9	64.4	7.9	146.0
1998	4.4	13.2	87.2	88.3	150.1	332.3	573.7	1046.5	253.6	92.5	3.1	0.0
1999	0.4	0.0	0.0	10.1	334.2	384.5	611.4	686.6	312.4	202.1	0.2	0.0
2000	0.8	9.8	24.9	73.0	315.8	520.8	558.3	333.2	206.9	6.4	0.0	0.0
2001	1.6	18.6	0.8	67.4	246.9	386.3	644.8	548.2	376.8	28.3	20.4	0.0
2002	31.9	28.3	45.6	57.7	391.9	600.9	853.3	303.3	263.7	22.7	44.6	0.0
2003	35.1	59.4	62.0	101.0	99.9	473.2	930.0	548.9	292.2	81.1	0.0	10.7
2004	62.7	0.0	0.0	180.2	111.4	472.5	495.5	214.3	417.7	75.7	12.0	0.0
2005	32.1	6.4	38.9	28.8	133.5	139.9	349.2	671.1	148.6	183.5	0.0	0.0
2006	0.0	0.1	3.0	125.9	279.7	387.1	352.3	405.4	362.0	60.6	2.1	19.0

2007	0.0	80.3	47.6	100.9	131.0	406.7	497.2	427.4	926.7	120.2	4.6	0.0
2008	17.1	1.7	33.8	40.4	118.9	378.6	431.4	458.1	218.7	87.3	0	0
2009	0	0.1	0.025	7.3	294.9	163.4	454.6	753.32	753.32	126.3	101.1	2.2
2010	0	0	0	164.8	193.2	371.8	723.8	641.2	523.21	48.6	0	0
2011	0	34.9	34.4	33.7	217.2	315.8	1069.4	29.89	156.6	0	74.4	0
2012	16.1	47.4	108.1	134.8	62.3	246	485.5	229	389.8	11	0	0

Apêndice 6 Fonte de rendimentos e despesas do grupo de utilizadores florestais da comunidade Bandevi Barandabhar (em redor do lago Bishajari e da zona húmida associada)

Ano	Venda de madeira	Turismo/entrada	Venda de colmo	Peixe	Outros	Total
2066/67	2,100,000	198,500	194,500	110,000		2,603,000
2067/68	2,300,000	160,000	200,000	185,000	545,500	3,390,500
2068/69		100,000	50,000	60,000*		210,000

Ano	Salário	Incentivos			Bolsa de estudo	Conservação	Outros	Total
		biogás	Torneira	sanita				
2066/67	293,150	42,000	53,317	50,000	20,000	521930	39506	1,019,903
2067/68	333,500	85,000	60,000	70,000	25,000	328823	546,679	1,449,002
2068/69	292,000		11,850*	38,989*	25000	67,890	64,775	449,665

Têm obtido incentivos como, por exemplo, no ano de 2068/69, 100.000 rúpias do fundo de desenvolvimento do MP, 727.119 rúpias do Ministério do Desenvolvimento Local, 187.435 rúpias do Ministério da Paz e 191.000 rúpias do Comité de Desenvolvimento Distrital.
* relatório pormenorizado indisponível

Apêndice 7. Fotografias durante as visitas de campo

Investigador a realizar um inquérito aos agregados familiares

Discussão em grupo com a comunidade local

Aviso relativo à taxa de entrada na zona húmida

Diferentes espécies de peixes encontradas na zona húmida

Entrevista de apresentação com guardas florestais e outras pessoas interessadas

Mostrar espécies invasoras na zona húmida

Remoção de Eichornia pela população local e pela fábrica de coque no auspicioso dia do ambiente

MIX
Papier aus verantwortungsvollen Quellen
Paper from responsible sources
FSC® C105338

Printed by Books on Demand GmbH, Norderstedt / Germany